ャーッ
まれ
る——!!!

うんこの中でキラキラと輝いている

巨大イナゴの——!!!

——!!!

ハカセー！人の髪の毛やら何やら吹きだまってめっちゃバッチイです！

ス
命名した

セミヌードを舐めるように撮る

それは直翅愛が足りないね！

フンチだ！

いや、全然いらないです

単位おかしくないですか？

何より、このバーンとえらそうに広げた触角！

か、かわええ……

ゲバボー

逆説的に虫を常食している感じを引き立たせている

ウ……ウソくせぇ……

おっ、この木はエロいな……

誰が盗るかそんなモン!!

サバクトビバッタを見習って4000キロ飛べ、茶色い悪魔よ！

お、お約束のように出た——ッ!!!

変態だ——!!!!

あれ？わたし死んだっけ

ときめき昆虫学

小さいころ、近所の空き地や川原で虫を眺めるのが大好きでした。でも中学校に入ったころからだんだん疎遠になっていき、いつしかセミやカマキリの手づかみはためらわれるように。大学に進んで上京後の一人暮らしは、室内に現れる虫におびえる日々でもありました。不思議な形をした世界の珍虫の写真や、変わった生態のエピソードは相変わらず好きだったのですが。

なんとか大人になり、会社勤めのかたわら旅行記のブログを書きはじめました。旅先の春の野原や夏の森で、会う虫たちにカメラを向けると、ぶつくさ言う彼らの泡つぶのような声が聞こえてくるかのように感じられ、小さい世界を見たままに写真で表すことに夢中になりました。

数年前にハノイ郊外の国立公園に旅したとき、出迎えてくれたのは巨大なナナフシやカタツムリ、そして数百頭のチョウの大群でした。熱狂している様子をブログに書いたところ、ちょうど遠征先を探されていた著名な昆虫写真家の海野和男さんに言及していただいたのが虫に関わる人々との交流のはじまりです（ナナフシを頭にのせてはしゃいだり、幻聴まがいのアテレコをしている感覚は、昆虫界のプロにとって新鮮だった様子……）。

最近、特に都会に住む方から「虫に興味があるけれど、どう楽しんでいいかわからない」と言われることがあります。野山を歩くことや生きものへの好奇心があれば、きっとあとは虫スイッチを押すだけのはず。虫の世界は不思議だらけで、知れば知るほど押せるスイッチは増えていくのです。

この本は、いわば他の人にも押させてみたい虫スイッチをまとめてみた人体ツボ図のようなもの。素人ならではの手軽な楽しみから、専門家が見ている深い世界ののぞき見まで。この感覚を表す言葉は「ときめき」しか見つかりませんでした。

もくじ

この本を読まれる前に

●『ときめき昆虫学』というタイトルですが、実際には「昆虫ではない虫」およびいわゆる小さな生きものの総称としての「蟲」も登場します。章タイトルになっている生きもののうち、クモ・ダニ（クモ形類）、ダンゴムシ（甲殻類）、クマムシ（緩歩動物）、カタツムリ（軟体動物）は昆虫ではありません。

●この本に載っている情報は、おもに2013年前後の取材時のものです。

●虫の生息地を詳細に載せることは、基本的に控えました。フィールドでは採集禁止・侵入禁止などのルールを守り、また地元の人に挨拶をする・訪れた理由を積極的に説明するなど、マナーのある行動を心がけましょう。

●各章のトビラページには、それぞれの章に登場する虫をモチーフにした作品を紹介しています（種は厳密に同じではなく、また創作の要素を含むものもあります）。各作品の詳細については、298〜299ページをごらんください。

〔1〕

チョウ

美しい翅のお客さん

蝶

チョウ目（鱗翅目）に属し、卵→幼虫→蛹→成虫の成長過程を経る完全変態の昆虫。幼虫の多くは植物食で、イモムシ・ケムシと呼ばれる。成虫は4枚の鱗粉に覆われた翅とストロー状の口吻を持ち、花の蜜や樹液、動物のフンなどに集まる。

消しゴムはんこ・アサギマダラ
〔消しゴム〕
ひよこまめ雑貨店 Hiyokomame Zakkaten

「旅するチョウ」に出会う旅

わたしのはるかな夢のひとつ、それが「海を渡るチョウに休み処を提供する船長になる」だ。なんの本で読んだのだったか、大海原を航海していると、モンシロチョウの数万頭の大群に遭遇することがあるという。大急ぎで甲板にありったけのTシャツを並べ、バケツで砂糖水をぶちまける。モンシロチョウは次々と甲板に降りたち、シャツに口吻（こうふん）を伸ばして喉をうるおす。わたしはマストに腰かけ、チョウには砂糖水、自分にはサイダーで勝手に乾杯する……。

「渡りをするチョウ」として世界的に有名なのは、オオカバマダラ〈※1〉だ。鮮やかなオレンジ色のチョウで、ロッキー山脈の東側に生息する個体群は、メキシコまで南下して越冬する。越冬地では、チョウの大群の重みで枝が折れることすらあるという。

日本にも、旅をするチョウがいる。

大分県の北東部、国東（くにさき）半島沖の瀬戸内海に、姫島（ひめしま）〈※2〉が浮かんでいる。本土からフェリーで20分、人口約2000人。この小さな島に初夏と秋の年2回、アサギマダラという大きな水色のチョウが訪れる。

※1　オオカバマダラは、アメリカ大陸の人には特に親しみぶかいチョウだ。海外のハンドメイド雑貨登録販売サイト「Etsy」で、オオカバマダラの英名「Monarch butterfly」を検索すると、このチョウをモチーフにしたアクセサリーがたくさん出てくる。

Etsy（www.etsy.com）

2012年5月の下旬、わたしは大分県別府市の実家に帰った。姫島のアサギマダラは毎年6月初旬ごろまで見られるようだが、そうそう休めない会社勤めの身に与えられたチャンスは一度きり。姫島村役場のホームページにアップされるアサギマダラ観測数の推移情報を、ジリジリしながら見ていた。300頭が乱舞することもあれば、雨でまったく見られない日もあるようだ。

わたしに「姫島村のアサギマダラを見てみらんかえ」と教えてくれたのは父だ。きっと毎年、地元のニュース番組でも取り上げられていたはずだが、高校時代まで大分にいたのにまったく記憶にない。思春期にはほかにいろいろと考えることもあって目に入らなかったのだろうが、思春期にこそ虫に熱中していたら、どんなに豊かな時間が過ごせたことだろう……。

他県で働く姉も帰ってきて、車を出してくれることになった。8歳違いの長姉が大の虫好きであることを知ったのは、わりと最近の話。いっしょに海外に虫見旅行に行くこともある虫友だ。

姫島のアサギマダラ

別府から車で1時間半、姫島行きのフェリー「姫島丸」が出る伊美（いみ）港に着く。フェリーからは本土での結婚式に出るらしい礼服を着た家族連れや、部活のユニフォーム姿の学生たちが降りてきた。瀬戸内の海はとても穏やかだ。

※2　8月に行われる盆踊りが有名。豆手ぬぐいをかぶって顔を白塗りにし、キツネに扮した子供たちが踊る「きつね踊り」は特に人気があり、プロ・アマ写真家が島を埋めつくす。

「あ、飛んでる飛んでる！」

アサギマダラが飛来するという岬に車を走らせると、大型のチョウがヒラヒラと道をよぎり、姉妹の興奮はさらに高まった。

駐車スペースに車を停めると、道端の草に数頭のアサギマダラがまとわりついている。浅葱（あさぎ）の名前どおりの薄い水色と、茶色のコンビネーションが上品だ。夢中で撮っていると、

姉「そんなんしよる場合やないよ！　あっちあっち！」

メレ子「え……ギャーッ!!」

姉が指差す岬の突端に、無数のチョウのシルエットが舞っている。姉妹は「オヒョォォォォォ」と声にならない叫びを上げながら走り出していた。

「あれ？　わたし死んだんだっけ？」

岬の砂地に広がる草の緑と、凪いだ海と空の青。そのあいだで、数十頭のアサギマダラが翅に潮風を受けて揺らいでいた。気づかないうちに天国に来てしまったのではないか。翅が空気を打つ音が、ハタハタと響く。これだけチョウがいればバタフライ・エフェクト〈※3〉で、この世とあの世がつながってしまってもおかしくない。

岬の手前の畑にもアサギマダラの好きなスナビキソウが植えられ、たくさんのチョウが集まっている。アサギマダラは白い花から蜜を吸うだけでなく、この草の汁の匂いにたまらなく惹かれ

※3 元の言葉は「ブラジルでのチョウの羽ばたきがテキサスでトルネードを引き起こす」に代表される、わずかな差がやがて大きな差につながっていくというカオス理論のテーマ。自分でも書きながらまったく意味がわかっていないが、「風が吹けば桶屋が儲かる」的文脈をオシャレに言い換えるために使うのはたぶん間違っている。

瀬戸内海を背に飛ぶ「旅するチョウ」アサギマダラ

むらしい。

るようだ。踏まれた株に、ぎょっとするほどのチョウが殺到していた。マダラチョウの仲間には体に毒を持つものが多い。アサギマダラもスナビキソウの汁を舐め、毒を積極的に体内に取りこむらしい。

「今日はようけ飛びよるなあ。あんたらどっから来たん?」

島民らしきおっちゃんに話しかけられ「神奈川です」と答えると、「ほぉ〜! そらまあ遠くからえらいこと!」とのけぞられた。えっ、全国津々浦々から人が押し寄せていないの……と思ったが、あたりを見回すと見物人は十数人程度、それも宿の人に案内されてきた釣り客が大半のようだ。まあ、少ないほうがこちらとしてもゆっくり楽しめるのだが。

潮風に乗ってたゆたう様は優雅だが、これはあくまで彼らの旅の途中の一服である。アサギマダラの一生はものすごくハードだ。冬を台湾や沖縄で過ごした彼らは、夏を前に近畿〜東北の高原まで北上する。秋の南下中にも姫島に立ち寄るが、そのときは内陸部のヒヨドリバナで吸蜜するので、海をバックに舞うアサギマダラが見られるのは初夏だけなのだ。

そんな彼らをねぎらうため、姫島の人たちはアサギマダラの好む植物をせっせと植えている。お盆と新年に帰ってくる子や孫のために、ごちそうを作って待っている祖父母のようだ。年に一度の帰省も怠りがちなわたしより、虫のほうが孝行している。といっても、秋に南下するのは北上組自身ではなく、その子供たち。じゃあどうしてこんな長距離を飛ぶのか、なおさら不思議だ。

渡りをするアサギマダラの生態には、まだ不明点が多い。移動経路などを調査するため、翅に識別情報を記して放すマーキング調査が日本各地で行われている。マーキングによって判明した一個体の最長移動記録は、なんと2000キロを超えるそうだ。

日本の虫屋〈※4〉の7割はチョウ屋だと言われるが、アサギマダラのマーキングに夢中になる人は、いわゆるチョウ屋ともちょっと違う。遠いふたつの場所が、小さな虫によってつながるロマンに魅せられているふしがある。

写真家・佐藤英治さんの『アサギマダラ 海を渡る蝶の謎』（山と溪谷社）では、アサギマダラの生態や観測地、マーキング調査の方法などが丁寧に解説されている。わたしが特に好きなのは、

網から取り出したアサギマダラの持ち方は、翅を持つ方法と胸を持つ方法とに分かれますが、私は翅を持つことにしています。それは、アサギマダラは暑さにとても弱いので、胸を持つと人の体温がアサギマダラに伝わって悪い影響をあたえるのではないかと考えているからです。

という箇所だ。アサギマダラの長い旅路を邪魔しないよう、少しでも負担をかけずに調査しようという愛情にあふれている！

アゲハレストランの女主人

アサギマダラにお休み処を提供するのは今の暮らしでは難しいが、街のアパート暮らしでも

※4 昆虫愛好家のこと。単なる虫好きにとどまらず、虫にめちゃくちゃ詳しい、虫でまわりのことが見えない、虫に人生のリソースを投入しすぎ、というニュアンスを含むことが多い。専門に応じ「チョウ屋、カミキリ屋」または「採集屋、飼育屋」などに分類されることもある。

ある編集者さんは「人文科学系では僕らも『レーニン屋』なんて言い方をしますよ」と言っていた。各業界には、わたしの知らない「〇〇屋」がまだまだいっぱい存在するのだろう。

チョウは呼べる。春にレモン・ライム・金柑・山椒といった柑橘類の苗ばかりを買いこみ、ベランダに並べた。いわゆるバタフライ・ガーデンだ。

レストラン「シェ・メレ」の最初のお客を確認したのは6月3日。水やりに出ると、消しゴムのカスのように頼りない生きものが、モソモソと自分の脱皮殻を食べていた。周囲を調べると、計4匹を発見。すぐケシカス1〜4号と命名した。

1号から4号の見分けはすぐつかなくなるだろうと思っていたが、数日観察していると彼らに定位置があることがわかってきた。移動して葉を食べていても、あとから見ると元の場所に戻っている。どうやら、食べ痕から居場所を割り出されないよう、ねぐらと食堂を分けているようだ。見た目はケシカスだが、生きる術はご先祖からしっかり受け継いでいるらしい。

ケシカスケシカスと侮りつつも、そのけなげな姿にわたしはキューンとなった。会社に行っているあいだに、アリや寄生蜂やクサカゲロウ〈※5〉の幼虫がケシカスたちを襲っているかも……、風雨に打たれて弱ってしまうかも……そう思うと、いてもたってもいられない。彼らのついた葉を枝ごと切りとり、水を入れたビンに挿してドーム型の容器で室内飼育することにした。

手ずから葉を取りかえ、世話するようになってみてわかったのは彼らの恩知らずぶりだ。あろうことか育ての母に、黄色い臭角をニュッと出して威嚇する。「臭」角の名の通り、柑橘類を数百倍に凝縮したような激臭がする。シトラスはいい香りの代表だが、どんないい匂いも度が過ぎれば悪臭なのだと痛感した。

脱皮を経て、彼らは茶色に白の斑が入った姿になった。皮膚の光沢に濡れたような質感があって、水分が多い鳥のフンになかなかの完成度で擬態できている。育ての母に逆らって自らの首を

※5 クサカゲロウの成虫は半透明の翅を持つはかなげな虫だが、幼虫はアリジゴクのような大顎を持つ肉食動物。種によっては、獲物の食べカスを背中にしょって歩く恐ろしい習性をもつ幼虫もいる。

絞めているとも知らず、そもそもどこが首なのかも怪しい分際で臭いツノを出す鳥フンたちを見て、怒りを通りこした圧倒的な理不尽さがわたしを包み、全身の力を奪っていった。しかし犬猫を飼うのとは違い、このビタイチ心が通わない感じが虫飼育の醍醐味とも言える。

鳥フン期の次はやっと、なじみ深いナミアゲハ幼虫の姿。いわゆるガチャピン期である。「わたしはもっとも下等な存在。誰も食べようとは思わない鳥のフンです……」とチョボチョボ葉をかじっていたのが嘘のように、すべてを食いつくす勢いで食べはじめた。わたしはあわてて柑橘系のハーブ苗を買い足すなど、ガチャピンたちのエサの調達に追われた。

ケシカスを見つけてから、約3週間後。丸々と育った1号が、ものすごい量のフンをした。心なしか体積も小さくなったようだ。そのまま、枝に止まってグイグイと頭を左右に振りだす。心配になって様子を見ていると、枝にかけた糸を必死で補強していた。サナギになったときに身体を支えるための糸を張っているのだ。

糸を張っていたのが夜で、朝には背を丸めて小さくなった「前蛹（ぜんよう）」になり、ピクリとも動かない。会社に出かけ、帰ってきたら薄緑色のバルタン星人のような顔のサナギになっていた。すべてがあっという間で、正直「仕事どころじゃないのに……」とすら思われた。

バルタン星人を見守るだけの日々が2週間続いたある夜、そろそろ寝ようと部屋に入ったわたしは「ホワァッ」と叫んだ。緑色だったサナギに、黄色と黒の翅の色が透けている。どう考えても、明日の朝出てくる気マンマンだ。

固い繭などで覆いもせず、糸で枝にくくっただけの無防備な状態でよく過ごしてこられたものだ。ケシカスとしてわたしの前に現れてから鳥フン、ガチャピン、バルタン星人と、この子は何回劇的に姿を変えてきただろう。その総仕上げが明日の朝なのだ。できれば寝ずに見張っていたいが仕事もある。ジリジリしながら、5時に目覚ましをセットした。

翌朝、起きてからずっと待っていたが、サナギはピクリともしない。殻がなかば浮いて、新しい触角や眼が見えているのに。家を出る時間まで残り30分。断腸の思いで髪をブローするためにほんの5分ほど現場を離れ、戻ってきたわたしが見たのはさっきと全然違うシルエットだった。

「お、お約束のように出た――――ッ!!」

不在を見計らったかのように、アゲハはすっきりとサナギから出て、翅を伸ばしにかかっている。数時間の監視は、ついに報われなかった。複眼や触角にいたるまでしっとりしたみずみずしさがあふれて見えるのは、こちらの目が悔し涙で曇っていたせいもあるだろう。その後も何度か羽化の観察に挑戦したが、ついにサナギから抜け出す瞬間だけは見られずじまいだった。

変身の瞬間すら見せてくれないとは、あまりに恩知らずではないか。自分ひとりで育ったとでも思っているのか! うん、間違いなく思ってる。情けなさを募らせながら、翅が乾ききる前にアゲハをベランダに出そうとすると、あわてて翅に体液を送ろうと羽ばたきだす。傘を開くように、ねずみ色のしずくがバッと散る。そのまま、ベランダから決死の初飛行が行われた。

「クッソー、せいぜい元気でやれよー! そしてオスだかメスだか知らんけど伴侶を見つけてどんどん繁殖して、死んだあと天国で真実の鏡を見せられて『メレ子、お前だったのか。いつも新鮮な葉っぱをくれていたのは』と愕然とするがいいよ!」

恐竜の子供のような姿に成長したナミアゲハの幼虫。柑橘系ハーブ・ヘンルーダの苗を１日で丸裸にしてしまう。背中の目玉模様は捕食者の鳥を威嚇するため、ヘビの目に似せた模様だと言われるが、本当に役に立っているかどうかは定かでない

心の中でそう語りかけながら、巣立っていくアゲハを見送る育ての母だった。

もはや隠れ家ではないレストラン

1号たちが巣立っていってから間もなく、ベランダに残った柑橘の鉢にどんどん卵が産みつけられるようになった。巣立った第1期生が産卵に来ているのか、それともレストランの評判が虫界の口コミで広まっているのか。面倒を見きれなくなり、ベランダでイモムシが育っては巣立つに任せるようになった。朝水やりに出ると、羽化したてのアゲハがよろよろと飛び立っていく。

感覚的にナミアゲハの第五王朝くらいがベランダに築かれ、食べログでいうと平均3・5点くらいのいい店に育ってきたのではないか、というある日。わたしは早朝の寝床の中で、ベランダでジュッパジュッパと話しているスズメたちの声を聞いた。寝ぼけた耳に、彼らの会話は人語変換されてこう入ってきた。

スズメA「あら、こんなお店できてたなんて知らなかった。普段使いにいいわね」
スズメB「惜しむらくは、もうちょっとメニューにバラエティがあるといいんだけど」
スズメA「『これから幼虫のレパートリーがもっと増えることを期待して、星4つとさせていただきます』……っと」

（ガラガラッ）

メレ子「ここはスズメレストランじゃないんだよ!!」
スズメ「キャ〜〜〜ッ」バサバサバサ

ひとたび鳥に目をつけられてしまうと、こんな人工的な環境ではもう逃げ場はない。見ると鳥フン状の幼虫たちは残らず消え、かわりに「本物の鳥フンとはこういうものだ！」とばかりの大量の鳥フンが落ちているではないか。

「アゲちゃん……ごめん、次からネットかけるから……」
わたしは空を見上げて、アゲハ幼虫の魂たちに詫びた。
アゲハレストランの女主人も楽ではない。理不尽に次ぐあらたな理不尽——それこそが自然といえばそれまでだが——との戦いなのである。来年こそ、アゲハが安心して立ち寄れるレストランを作ってやろう。

羽化が見られなかったのは、ただの偶然ではないらしい。チョウに詳しい昆虫館の学芸員の方によれば「アゲハはメレ子さんが離れた隙を見計らって出たと思います。羽化直前の状態っていうのは、眼が透けているでしょう。向こうもある程度まわりが見えているらしいんです」というのだ。気持ちはわかるが、悲しいものがある

〔2〕

ハチ

すべて春の仕業

探
〔鉄、和紙〕
征矢 剛 Takeshi Soya

蜂

ハチ目（膜翅目）に属する。蛆状の幼虫からサナギになり羽化する完全変態。社会性／単独性、寄生性、肉食／植物食などその生態は多岐にわたる。メスの産卵管を針に進化させ、狩りに使ったり、敵に毒を注入する種がある。

ハチ乙女と魅惑のくびれ

「ハチのような乙女」という言葉から、あなたはどんな女性を思い浮かべるだろう。

万葉集には「スガルヲトメ」という言葉が出てくるが、これはハチのように腰がくびれたグラマーな女性のことを指すのだそうだ〈※1〉。わたしの脳裏には、勝ち気な村娘が浮かぶ。歌垣〈※2〉で村の男性やお忍びの貴人に言い寄られ、気の利いた返歌で次々に袖にしていくのだ。

スガルはハチの古語だ。今もツチスガリと呼ばれるハチがいるほか、長野県南部では珍味・クロスズメバチの巣を見つけるための狩りを「スガレ追い」と呼ぶ。白い綿などの目印をつけた肉をハチに運ばせ、山中を追いかけて巣を探し当てるアドレナリンの出まくりそうな狩猟法だ。

ある秋、大分の実家に帰省すると母が「アンタ、2階の廊下にハチが巣を作りよんけん見ちみよ。あらなかなかの力作やわ」と言う。庭に面した廊下の壁はガラス面だが、普段はブラインドが下りている。2階に行ってブラインドを巻き上げてみたわたしは、ヒッと声を上げた。まるで脳味噌のような分厚い巣の中、コガタスズメバチが動き回っている（これで小型とは恐れ入ったものだ……）。ブラインドのせいで普通の軒先だと思って築城してしまったのだが、こんなマジックミラーの取調室みたいなところではハチも落ち着かない。

※1　漫画家の近藤ようこさんのTwitter（@suikyokitan）を拝見して知った。

※2　男女が集まって歌や踊りを行う行事。春や秋に行われる豊穣祭が、やがて若い男女が歌を贈りあう求愛の儀式になったと言われる。

※3　一般人がハチと聞いて思い浮かべるのは圧倒的に後者で、広腰類にはあまり馴染みがないが、楽譜の「ヘ音記号」のように背を丸め、横一列に並んで葉っぱを食べるハバチの幼虫なら見たことのある人もいるかもしれない。黒い単眼がかわいらしい。

幼虫もまた巨大で、いかにも「食べるのと寝るのがお仕事です」と言わんばかりにパンパンに張っている。喜んで脚立を持ちだし、ガラス越しにカメラのシャッターを切りまくるわたしに対して、成虫が大きな顎を開いて威嚇してくるが、その顔が笑ってしまうくらい怖い。

冒頭でハチのくびれについて触れたが、ハチの仲間は最初からみんなくびれていたわけではない。スズメバチのような高度な集団社会を作るハチにおいて、幼虫の詰まった巣は、捕食者にとって魅力的なエサとなる。ハチの針には元々は産卵管の機能しかなかったが、社会性のハチは巣を守るため、産卵管を毒針として進化させた。そして針を敵に素早く打ちこむため、体型も変化した。くびれを生じさせることで、腰の可動範囲を大きく広げたのだ。

古いハチの仲間であるハバチやキバチ——あまりくびれていないので広腰類〈※3〉と呼ばれる——に対して、くびれのあるハチは細腰類という。広腰類は植物に卵を産んで幼虫を育てるため、産卵管を自在に動かす必要に迫られないのである。

新しく登場したくびれ世代・細腰類には、先に紹介したスズメバチやハナバチを擁する有剣類のほかに、ヤドリバチ類がいる。ヤドリバチはいわゆる「寄生蜂」〈※4〉だ。彼らの針とくびれは、産卵管としての機能は保持しつつ、植物ではなく動物に卵を産むために進化した。孵化したヤドリバチの子は宿主を食べて育ち、やがて宿主を食い殺す。

ありとあらゆる昆虫やクモに、それぞれをターゲットとする寄生蜂がいる。寄生蜂にさらに別のハチが寄生することも珍しくない。寄生者は宿主の生活様式に適応せざるを得ないために各種のニッチは小さいが、種数はとても多いグループだ。あるハチ研究者は、「どの分類群の研究者

※4 寄生のスタイルを取るものの、宿主に卵を産みつけるだけでなく自分の巣に持って帰るところが違ういわゆる「狩蜂」は、ヤドリバチではなくスズメバチ上科から麻酔針を発達させてきたグループだ。

あるとき、ベッコウクモバチがクモをくわえてずりずりとバックで巣穴に入って行くのを見た。思わずクモの脚を引っ張って地上に引き戻すと、ハチもクモをくわえたまま戻ってくる。「あれ？　麻酔足りてなかったかな？」とでも言わんばかりにクモを調べなおしていた。クモバチは再びクモをくわえると、今度こそ巣穴の中に消えて行った。

狩蜂はやっていることはえげつないが、大型でスタイルのいいハチが多い。くびれは優秀なハンターの印だ。獲物をガシッとつかんだ姿に、生き物の営みが感じられる。

実家に巣をかけたコガタスズメバチ。斥候が巣を暴きにきた不届き者を調べに出てきた。オオスズメバチによく似ているが、気質は非常におとなしいという。しかし秋は次世代の女王蜂の育成期であり、ハチも神経質になっていることが多い。スズメバチやアシナガバチの巣には、ガラス越しでもなければ不用意に近づかないようにしたい

からも、寄生蜂はめちゃくちゃ目の敵にされているんです……」と苦笑しながら語る。

わたしが特に気になるのは、コマユバチ科のウマノオバチ（馬尾蜂）。馬のしっぽのように長い長い産卵管をぶら下げている。体長は2センチ足らずなのに、産卵管の長さはその10倍だ。

ウマノオバチは長い産卵管を使い、樹の中深くにいるカミキリムシの幼虫に卵を産みつける。樹の表皮の小さな穴からシュルシュルとウマノオバチの産卵管が下りてきたときのカミキリムシ幼虫の気持ちを思うと、とても平静ではいられない。内視鏡手術のような芸当（ただし患者は死ぬ）をやり遂げるウマノオバチは、どうやってあの長い産卵管をコントロールしているのだろう。

愛しのハナバチたち

これまでちょっと怖いハチたちの話をしてきたが、後半はみんな大好きなかわいいハナバチの話をしていこう。モフモフ愛らしく大きな眼を持つ彼らは、虫ではなく猫の仲間だったかとすら思えるときがある。

日本の養蜂では、セイヨウミツバチとニホンミツバチの2種類のハナバチが用いられる。集蜜力が高く管理しやすい移入種のセイヨウミツバチに比べ、ニホンミツバチは年1回しか採蜜できず、巣を捨てて移動することも多いので蜜の希少価値は高い。

九州の北・玄界灘に浮かぶ対馬（つしま）は、日本で唯一ニホンミツバチだけが生息する島だ。対馬に渡ったとき、祠のような丸木の構造物をあちこちで見かけ、最初は異様な印象を持った。近づいてじっくり見ると、ブンブンと羽音のうなりが聞こえてくる。蜂洞と言われるニホンミツバチの巣箱だったのだ。対馬の人々は、人家の裏山や山道の斜面などに蜂洞を据え、年に一度の採蜜を楽しみにしている。

　蜜を得るためのハチではないが、同じく人に愛され利用されているハチにマメコバチがいる。東北の果樹園で、リンゴやサクランボの受粉に用いられる。このハチについて教えてくれたのは、山形の自然写真家・永幡嘉之さんだ。永幡さんは東日本大震災以降、休みなく津波跡の生きものの調査に駆け回っているが、以前より虫と地域の関わりについても取材を続けている。その中に、山形のサクランボ農家でマメコバチを飼っているヨーコさんという方がいた。

　永幡さんに教えられてヨーコさんのブログ〈※5〉を読むようになったが、めっぽう面白い。自然相手の職業の方はみんな、刻々と変わる日々の仕事と向き合っているのだろうが、それをこんなに楽しく書ける人はそういない。四季どころか、365季の移り変わりが伝わってくる。マメコバチのことも「まめこちゃん」と呼び、わが子のように愛情深く接している。2013年5月の末、超多忙の永幡さんに無理を言ってお願いし、ヨーコさんの畑におじゃまさせてもらった。

　とはいえ、もともとの写真業に加えてさまざまな調査や官公庁とのバトルを抱えている永幡さん。「午後からしかごいっしょできないのですが、新緑の山形は半日で済ますにはあまりにも惜しい場所です」と、現地の案内役にと大学での教え子を紹介してくれた。

※5 トップページに置いてある文章からしてこんな感じ。「山形にいる関西人のおばちゃんですねん。サクランボ農家なのにフルーツアレルギーになってもーてん。フルーツを食べるとクチがピリピリせーへん？タラコ唇になれへん？私なるんよ…。」つかみは十分だ！

さくらんぼに釣られて来てしもた…ヨーコのブログ
(http://ameblo.jp/azukidaihukumonaka/)

早朝ホテルに迎えに来てくれた学生の伊東さんは、それこそスガルヲトメのようなスラリとした美女！　今年はヨーコさんの畑のマメコバチは数が少ないとのことで、朝日連峰の麓の大鳥というところに車を回してくれた。

九州育ちのわたしには、東北の春は眩しすぎる。冬の長い国では、よくしなる枝を極限まで引き絞り、もうこれ以上どうにもならないところで手を放したときの反動を思わせる勢いで、バチバチと植物が萌えだす。いや、燃えだす。新緑が炎のようなテンションだ。

大鳥の集落でも、あらゆるところで花が咲き乱れていた。伊東さんが、茅葺き屋根の民家の前で車を停める。わんわん音がするなあ、と思ったら、それはマメコバチの羽音だった。汗ばむ陽気の中、マメコバチが民家を包むように飛んでいるのだ。

民家の壁に立てかけられた笹竹の束にも、マメコバチがせわしく出入りしている。マメコバチは、ヨシや竹などの筒状の構造物を利用して産卵するのだ。ミツバチよりひと回り小さいが、受粉の労働量はミツバチの3倍とも言われるだけあり、目にも止まらぬ動きだ。体じゅうがうっすらと花粉にまみれている。こんなに働き者のかわいい店子を何万匹も飼えるなんて、茅葺き屋根って最高の建築なのではないだろうか……。

お昼は伊東さんと、朝日連峰をのぞむ川原で芋煮をした。彼女はもともと生きものが豊かなところで育ち、東北の自然に対する素養と好奇心の強さ、写真の技術を永幡さんから高く買われているが「卒研でクマムシをやってみたいって言ったら、永幡さんに『あんだけいい虫をいろいろ見せてやったのにクマムシか！』って弾圧〈※6〉されました」と、隠れキリシタンのようなことを言う。

永幡さんとは、ヨーコさんの農園に行く前に山中の温泉に入ったあとで落ち合うことになった。伊東さんが何やら着信を気にしているので訊くと、彼女は車のハンドルを握りながらとんでもない言葉を口にした。

伊東さん「実は今、最終面接の結果待ちなんですよ」

メレ子「うわあああ!!　ちょっと待って！　就活中なんですか？　永幡さんそんなことひと言も……」

伊「永幡さんと就活の話したことないんです。最終面接前、何しゃべろうか考えてるときに『メレ山さんの案内をしてあげて』って連絡が来て、『うへへへ虫採りだ、どこ行こうかな、うへへへへ』って考えてたら、気がついたときには面接が終わってました」

メ「ウウッ……こんな形で人の人生の大事な局面をジャマしてしまうなんて……」

温泉に入る前に、伊東さんは「着信あったのでかけなおしてきます」と去った。窓から見える湖と山並みは水晶体が緑に染まりそうな美しさだったが、わたしは女湯で一人、眼をカッと開いて待っていた。伊東さんがだいぶ経ってから戻ってきてお湯に並んでつかり、しばらくして「……就職、決まりました」と告げるまで、生きた心地がしなかった。

※6「ナガハタ虫の3K」にあてはまらない虫をほめると弾圧される。3Kは「きれい」「固い」「カッコいい」の略だが、「固い」以外は個人の感想である。

以前、ルリセンチコガネ（P212）が好きだと永幡さんに言うと「それなら青くてピカピカのオオルリハムシという虫も好きでしょう」と探してくれたが、その辺にいた虫を見せたら「こんな小さくて濁った色のやつじゃなくて！　ああ、これは早く本物を見せなければ……」とわたしも弾圧された。

笹竹の中の巣と外を何度も往復し、忙しく働くマメコバチ（山形県大鳥）。多くのハチが送粉で植物といい関係を築いている一方、クマバチなどでは花と身体の大きさが合わず、花の根元に穴を開けて蜜だけを吸い取る「盗蜜者」になることがある。植物もやられてばかりではいない。オフリスというヨーロッパ原産のランはメスバチにそっくりな花をつけてフェロモンを出し、オスバチが抱きつくと花粉が身体につくようになっている。植物が昆虫をだまして受粉を手伝わせているのだ

その後合流した永幡さんも内定報告を聞いて喜ぶどころか、反骨のフリー写真家として「伊東さんもこれで組織の人間か〜。最近の学生はマジメだから、いつでも調査を手伝ってくれる子、少ないのにな……」とまでのたまう始末。凡人には計り知れない師弟関係を垣間見たのだった。

ヨーコさんの畑で

メレ子「お〜、これがまめこちゃんの家！」

永幡さんと合流して向かった「フルーツランド・コマツ」のサクランボ畑では、ヨーコさんと旦那さんのお二人が待っていてくれた。百葉箱に似たマメコバチの小屋は、ヨーコさんが設計したものだ。風通しがよくハチの出入りを妨げない一方、ネズミやイタチにも襲われにくい。

小屋にはヨシ原から切ってきた真新しいヨシの束があり、ところどころ泥が詰まっている。マメコバチはヨシの中に花粉ダンゴを入れて卵を産んだあと、田んぼの泥でフタをするのだ。

メレ子「ヨシ束の下の箱はなんですか？」

ヨーコさん「ああ、それはマメコバチの繭が入ってんのよ。もうみんな羽化したあとやけどね」

マメコバチにとって、いちばん恐ろしい天敵はダニだ。古いヨシの束には高確率でダニが潜んでいて、マメコバチが泥の仕切りと花粉ダンゴで作った幼虫の部屋を侵食し、花粉ダンゴも幼虫も食べつくしてしまう。その様子を永幡さんは「明太子を食べる気がなくなるほど凄惨です」と、明太子屋が総決起して福岡から攻めてきそうなネガティブワードで表現していた。

古いヨシ束にダニがわきやすいのはもちろん、毎年新しいヨシを用意してやっても、必ずどこかからダニはやってくる。なんとか生き延びて繭を作り羽化したマメコバチも、飛ぶのが重たそうなくらいダニの塊を搭載していることがよくあるらしい。

そこで考えだされた技術が、「繭取り&繭洗浄」。幼虫時代を生き延びて無事に繭になっても、ヨシ束の中にいること自体リスクが高い。そこで筒を割って繭を取りだし、表面を水洗いして箱に入れる。言うのは簡単だが、ヨシの本数にして数百本、繭の数は数千単位。これをすべてやると、冬空の下の水仕事でもあり、大変な労力がいる。

永幡さん「ヨーコさん、幼虫や繭の写真を撮るためにヨシを分けてもらおうとするとすごい渋るんですよ。正直やりづらいですよ」

ヨーコさん「当たり前よ！　ダニをかいくぐって、頑張って生きてんのよ〜」

ヨーコさんがそれだけ愛情を注ぐマメコバチたちだが、今年は成虫がとても少ないらしく、陽気な羽音は聞こえてこない。ダニのせいだけでなく、季節進行の異常も関係しているらしい。

でも巣箱ひとつとってみても、ここのマメコバチたちがどんなに手塩にかけて育てられているかは一目瞭然だ。実際に来て見ることができてよかった。サクランボの木のうろに住んでいるムクドリのひなを、へっぴり腰でハシゴを上り「うおおおお！　かわいい！　そして高い！　怖い！　こわかわいい～」と叫びながら覗かせてもらっていると、

ヨーコさん「ヨシ、1本割って見てみようか？」

メレ子「えっ？　いいんですか!?」

意外にも、ヨーコさんのほうからヨシ提供の申し出が。はるばる来たのに巣箱だけでは……、と気を遣わせてしまったかなあ、と思いつつも、ありがたく見せてもらうことにした。

ヨーコさんの旦那さんが、カッターでヨシを割ってくれた〈※7〉。中は等間隔に泥で仕切られ、各部屋に黄色い花粉ダンゴが入っている。マメコバチは部屋にひとつずつ卵を産み〈※8〉、孵化した幼虫は花粉ダンゴを食べて育ち、繭を作る。なんて細やかな子育てだろう。旦那さんは、以前このダンゴを失敬して食べたこともあるそう。味は蜂蜜きな粉そのものだという。

春になり、サクランボやリンゴの白い花が咲き乱れる季節、洗浄後の繭を入れた箱からは、マメコバチが薄い繭を景気よく破るパリパリという音が聞こえるそうだ。果樹園で、マメコバチの短い歌垣が繰り広げられる。その後に控えている幼虫部屋と花粉ダンゴ作りは、もっぱらメスの仕事だ。忙しく飛び回っていたのも無理はない。メスは命の続く限り、少しでも多くの幼虫部屋を作りたいのだ。

※7

※8　マメコバチは筒の奥の大きな花粉ダンゴにメス、出口に近い小さな花粉ダンゴにオスを産み分ける。オスがまず一斉に繭を破り、外に飛びだす。数日後、満を持してメスが出てくる。歌垣に出遅れる子を少なくするための親心だ。

切ってもらったヨシをみんなで囲んでみるが、あまり状況は芳しくないようだ。幼虫の姿が、すべての部屋には見られない。花粉にまぎれてよくわからないが、この筒もダニに侵され、弱った幼虫から餌食になっているのかもしれなかった。

「あかん部屋をきれいにしたら、ほかの部屋への感染は防げるかも。上からラップで巻いて保湿して、様子を見ながら飼ってみたら？」ヨーコさんはヨシの断面を再び丁寧に合わせ、テープで巻いてわたしに渡してくれた。

この中にあのかわいいハチがいると思うと嬉しくて、後生大事に持って帰ったヨシの筒だが、その後わたしは永幡さんの言葉の意味を思い知ることになる。

1週間ほど経ち「経過は順調かな？」と、ヨシに巻いたラップをこわごわ外してみたわたしの前に現れたのは、永幡さんの言った通り「明太子の中身が再び生命を得たみたいな生命体」だった。筒の断面から、ピンクがかった白いダニの粒々が堰を切ってあふれ出した。泣く泣くどころか別れを惜しむ暇もなく、光速でビニール袋に密閉して捨てなければならなかったのだ。

ダニの奔流だって、燃える新緑やマメコバチの歌垣やスガルヲトメと同じく、みんな春のほとばしりなのに、どうして心から喜べないのだろう。いや、人間の叡智はここを乗り越えられるはず。イモムシから生まれ出づる寄生蜂が、たとえイモムシの研究者にとって悪夢であっても寄生蜂研究者にとっては心震える一瞬であるように……。

今回は悪役に徹してもらったダニだが、彼らに興味を持つためのスイッチも、きっと意外なところに隠れているはずだ。遠からず、自らそれを押してみせよう。

三重県松阪市の河川敷で見つけたクロアナバチ。キリギリスの仲間を専門に狩る狩蜂だ。胸に大事そうに抱えているのは、麻酔済みのツユムシ。写真を撮るために近づくと、上目遣いに警戒しているが、決して獲物を放そうとはしない
クロアナバチ「なんや……このツユムシはやらんぞ！」
ツユムシ「ムニャムニャ……」
メレ子「いや、全然いらないです。ゆっくりいい卵産んでください」

〔3〕

アリ

巣の中と外のドラマ

ハキリアリ
〔ガラス〕
つのだゆき Yuki Tsunoda

蟻

ハチと共にハチ目に属する。女王アリと多数の働きアリでコロニーを構成する社会性昆虫。大きな顎と集団行動は小動物にとって驚異。一般的に翅を持たないが、結婚飛行時には翅を有する女王アリと雄アリによって交尾が行われる。

怒りのちりめん山椒

冬はほとんどの虫屋にとってシーズンオフだが、それを覆すのが常夏の国への高飛びである。2013年3月に姉妹でタイに行き、昼は保護区で虫を探し、夜はスパイスたっぷりのタイ料理をシンハーで流しこむ夢の3日間を過ごした。

タイに駐在するチョウ屋のAさん、Hさんらがとっておきの場所に案内してくれたおかげで、数百頭のチョウがせせらぎに集う光景[※1]や暗紅色のトゲグモなど、熱帯ならではの虫をたくさん見ることができた。その中でも、緑のマントに白と黄色の水玉を散らした翅と、赤く長い鼻のような突起を持つ珍虫・テングビワハゴロモ[※2]はメレ山姉妹を熱狂させた。

「天狗じゃ～」「天狗さまじゃ～」と口々に言いながらいじりまわしたためか、ヴィラへの帰り道で降ってきた雨は経験したこともない激しさだった。痛いくらいの雨が2時間も3時間も続き、わたしたちはボートハウスに避難しながら「天狗のたたりじゃ～」と叫んだ。

しかしその豪雨もまた、虫の生活を見せてくれたのだ。夕食の時間、食堂に向かうと、食堂の前でHさんが棒で何かつついている。「どうされました？」とのぞきこむと、葉っぱの上にちりめん山椒のような茶色いごちゃごちゃしたものがある。同時に、足にガジッと痛みが走った。

それはツムギアリ[※3]の巣だった。葉をつづって樹上にボール状の巣を作るが、スコールの

※1 チョウの仲間は雨上がりの湿った山道や川辺などで群れて地面から吸水することがある。アゲハなど近い仲間で集まるため、黒・白・黄・青などさまざまな色の群れを見ることができるが、何のために集まっているのかは定かでない。水分を吸収すると同時に排出することで体温を調整している、ミネラルを吸収しているなどの説が有力。

※2 ビワハゴロモはセミに近い昆虫の仲間で、東南アジアを中心に生息し、ライチなどの樹液を吸って暮らしている。その

数倍激しい豪雨で巣の中に水が溜まり、巣が落ちてしまったようだ。葉の上でアリたちが抱えて走り回っている白い幼虫やサナギが米に似て、いっそうちりめん山椒感がある。できるだけ離れて足踏みしながら観察しようとするが、非常事態に怒り狂ったツムギアリたちはズンズン進撃してきて「こらどういうこっちゃ！　お前がやったんかー！」とすねやももにガジガジと咬みついてくる。落ちた巣の前でクワッと顎を広げて威嚇してくるアリたちの目は確実にわたしやHさんを見ていて、「いてて」と咬みつくアリを払いながらも、視力のよさと闘志に感心させられた。

できれば自力で木の上に戻って、また新しい巣を作れるといいな……と思ったのだが、次の朝見てみると、彼らは地面に落ちた葉っぱをまたつづりあわせていた。

メレ子「それじゃダメだろ……」

ツムギアリ「んっ！　曲者！　であえーであえー」

メ「いてッ！　違うよバーカ！　脳筋！」

『スターシップ・トゥルーパーズ』という映画がある。虫型の宇宙生物と地球連邦軍の戦いを描いたSF大作だ。アリやカマキリ、甲虫に似た虫型宇宙生物「アラクニド・バグズ」に人間たちは翻弄され（とはいえ、先にバグズの領域を侵したのは人類なんだけど）、宇宙の戦場に手や足が散乱するスプラッタが繰り広げられる。

宇宙でも高校白書スケールの青春劇を繰り広げる人間たちの軍隊ライフ描写も面白いのだが、ここで注目してほしいのは虫のボスだ。「ブレイン・バグ」という知的階級に属する虫がバグズ

食性から「テングビワハゴロモの鼻状突起をポキンと折って体液を吸うとツバキの蜜のように甘い」とまことしやかに伝えられるが、この奇跡の珍虫を前にそんなことをする度胸はない。

※3 ツムギアリは、薄茶色でしなやかな肢体をもつ樹上性アリ。生きた木の生葉を引っ張ってつなぎ合わせるため、顎と肢の力がとても強い。

彼らは葉っぱの接着剤として、幼虫が口から吐き出す糸を使っている。幼虫を口にくわえて葉っぱに近づけるアリを見ると、幼虫もしっかり働いているな〜と感心する。

東南アジアでは、ツムギアリの幼虫やさなぎを缶詰にしたものを食用にする。アリが出す蟻酸の風味がレモンに似るようだが、正直「こんな凶暴な生きものを無理して食べんでも、レモン食べればいいのでは……」というのが個人的な感想である。

タイのヴィラの庭で見つけたツムギアリとツノゼミ。ツノゼミもビワハゴロモ同様、セミやヨコバイに近い仲間で、樹液を吸って暮らす。甘いおしっこ（甘露）を出してアリに提供し、アリにボディーガードしてもらう好蟻性昆虫のひとつだ。ツムギアリは近づいてきたカメラに対し、グワッと大顎を開いて精いっぱい威嚇している。丸山宗利さんの写真集『ツノゼミ　ありえない虫』（幻冬舎）には、珍奇な姿のツノゼミがたくさん登場する

の中で重要な役割を果たすことが、ストーリーが進むにつれてわかってくる。

アリやハチのような真社会性〈※4〉の虫において、個々の虫はボスを守るためにしか行動せず、機械の部品やロボットのように個々の意思を持たず、（虫だけに）無私の精神で奉仕する。たくさんの個体が共同生活していても、アリやハチの巣はあくまで生命の単位としてはひとつ――そんなイメージを持っている人も多いのではないだろうか。実際に、アリの研究者だったホィーラーは社会性昆虫のコロニーをひとつの生命体ととらえる「超個体」という概念を提唱している。

蟻マシーンのお引っ越し

「蟻マシーン」を家に迎えて、もうすぐ1年になる。

蟻マシーンとは、AntRoom（アントルーム）〈※5〉の島田拓さんが製作販売しているアリの観察・飼育セットだ。即売イベントでも、AntRoomのブースには常に人だかりができている。

石膏を型どりして作った巣にガラス板を合わせ、クランプで留めてあるので、アリの営みをつぶさに観察できる。島田さんが展示していた特大の蟻マシーンの中にはクロオオアリが数百匹入っていて、卵の部屋・幼虫の部屋・ゴミ捨て場などを忙しく行き来していた。そして、アリだけでなくチョウであるクロシジミの幼虫まで入っていたのだ。

クロシジミのイモムシは、エサとしてアリに連れてこられたのではない。彼らはおしりから甘（かん）

※4 集団生活を営み、共同して子育てをする性質のこと。シデムシなど、親が子が大きくなるまでそばについて守り育てる亜社会性の昆虫もいるが、真社会性はコロニーが大きく複数世代が巣内に暮らし、また働きアリのような不妊階級がコロニーのために存在する点が大きく異なる。

※5 ブログ「ありんこ日記」では、美しい小さな生きものの写真が日々更新されている。

AntRoom（www.antroom.jp/）

ありんこ日記（livedoor.jp/antroom/）

露と呼ばれる甘い液体を出し、アリに差し出す。そのかわりに、捕食者がやってこない安全な地中で、アリから口移しで食べものをもらってぬくぬくと育つのだ。これまではディスカバリーチャンネルやＮＨＫの変態的に高性能なカメラで撮影されたネイチャードキュメンタリーでしか見られなかった世界……それがライブで見られる仕組みを作ってしまうなんて、島田さん、ただものではない。

島田さんによれば、初心者にも飼いやすいのは身近なクロオオアリか、やや山地寄りのムネアカオオアリ。わたしはムネアカオオアリの家族を購入した。

体長2センチ弱の女王アリと5匹の働きアリ、そして女王が産んだ黄色い卵の塊が入ったケースが我が家にやってきた。蟻マシーンは、アリの巣を模して部屋を作った石膏巣にビニール管でエサ場を連結できるようになっている。まず最初に、エサ場のかわりにアリの入ったケースを石膏巣につなげ、石膏巣に引っ越してもらうのだ。

ふつうは何もしなくても引っ越すらしいのだが、数日経っても転居の気配がない。島田さんのアドバイスを参考に、太陽政策から施行することにした。まず石膏巣をアルミホイルで覆って暗くし、アリのいるケースに電気スタンドで光を当てる。「さっさと吐いて楽になる（＝石膏巣に移る）ことだな……あっちにはカツ丼もあるぞ」刑事気取りで囁いてみたが、働きアリはビニール管を伝って偵察に行くものの、女王アリは頑として動かない。スタンドの熱で卵がゆで卵にならないかも心配だ。

しかたなく、最終手段に移る。竹串でアリが通れないくらいのほんの少しの隙間を開け、フーッと息を吹きこむと大混乱が起きた。まさに北風政策、わたしこそが北風。カッカッと音を鳴らして竹串に咬みついてくる働きアリを竹串で翻弄すると、卵をくわえて石膏巣に避難しはじめた。よしよしと思って吹きこむのをやめると戻ってきてしまうので、やめては吹いてのくり返しだ。すべてのアリの引越しが完了したときには、酸素が薄くなって頭がボーッとしていた。

島田さんが調合したアントサプリの粉を水に溶いたものが食事のメインだが、動物性タンパク質もあげないと卵や幼虫を食べてしまうことがあるという。ミルワーム〈※6〉を与え続けていると、だんだん食いつきが悪くなってきた。アリはとてもグルメで、春先にいかにいろんなエサを与えられるかが繁殖の勢いを決めるらしい。自然界では、探索に出てさぞバラエティに富んだ食べ物を見つけてくるのだろう。

散歩がてら、アリのエサにする小虫を探すこともあるが、意外と難しいものだ。なにしろ、わたしの住んでいる住宅街では川は護岸され、落ち葉は片づけられ、あらゆる雑草は刈られて地面が出ているところすらなかなか見つからない。庭持ちでもない成人が、スコップでほじくり返してもよさそうな場所は限られている。それでも小さな神社の境内に伐られたクスやスギの丸太が積んであるのを見つけ、半分腐った木を割って名も知らぬ幼虫を掘り出してきたりもした。

ムネアカオオアリは群れでの狩りはしないが、勇敢な働きアリが前肢で触角をしごきながら獲物に立ち向かう様子は、見ていてこちらも手に汗握るくらい緊張感に満ちた動きだ。巣に運びこんだあとは、複数でかじりついてせっせと分解する。ほぼ茶色一色に見えていたアリのおなかが、満腹になるとくっきりとしたシマシマになる。

あちこちの部屋で、2匹のアリたちが接吻している。エサを吐き戻して、口移しで与えているのだ。女王アリのまわりには常時数匹のアリがついて体を舐めているが、働きアリ同士でも盛ん

※6 甲虫の一種、チャイロコメノゴミムシダマシの幼虫。飼育・繁殖が容易なため、小鳥や爬虫類その他のペットのエサとして流通している。

に毛づくろいしあっている。毛づくろいされたほうは、「あーそこそこ、ここのくびれのとこもお願い〜」と体を寝かせ、とっても気持ちよさそうだ。

春のアリはよく食べよく卵を産みよく育ち、毎日見ていて楽しい季節だ。巣の中にずっと積まれたままになっていた繭がついに羽化する瞬間、まわりには3匹の働きアリが集い、新成人のカラを脱がせてやっていた。ひとまわり色の薄いアリは自分で体を動かすこともできず、みんなに体を舐めてもらっている。

最初は石膏巣のいちばん下の部屋をゴミ捨て場と決めてしまい、食べカスをどんどん石膏巣内に積みあげてしまっていたが、頭数が増えてくるときちんと外にゴミを捨てるようになった。ただし捨て方がちょっと独特で、エサ場に置いたエサ皿にゴミをてんこ盛りに積みあげる。エサ皿だけを洗えばいいので楽な半面、まるでアリに「おーい！　そこの大きいの！　これとっとと片づけといて〜」と言われているようで複雑な気持ちだ。ほかのアリ飼いもよく経験している現象のようなのだが、アリは人間の存在を知ってでもいるのだろうか……。

「好蟻性」の人々

AntRoomの島田拓さんは、様々な生きものイベントに出展しているが店舗を持たず、ネット

蟻マシーンの中で働きアリから口移しでエサを受け取るムネアカオオアリの女王。女王アリが足の下にしいているのは繭で、一部黒くなっているのは幼虫が繭の中でサナギになる前にしたフン。黄色い幼虫も、働きアリによってカビが生えないように大切に管理されている。卵やサナギを置く部屋は、湿度や温度に応じて働きアリが決める

ショップでアリその他の生きものを販売している。わたしのアリに関する質問にもとても丁寧に回答してくれて、なんともアリ愛にあふれるカスタマーサポートだった。おそらく日本に数人しかいないだろう「アリ屋さん」の現場が見たくて、「アリ部屋」の取材をお願いした。

奥さんと小さな息子さんと暮らす島田さんは、自宅の6畳の一室をアリ部屋にしている。大小のケースの中には、海外の業者から仕入れたり、あるいは自分で採ってきたさまざまなアリや虫が入っていて、ひとつひとつを説明してもらっているだけで軽く2時間が経ってしまった。

「オキナワアギトアリはすごくアゴが大きくて力も強いんですけど、こうやって指を咬ませると自分でパチンと後ろに飛んでっちゃうんですよ」

「このクロオオアリの女王、トゲアリの女王に首を咬まれてるんですけど見えますか？　トゲアリの女王は交尾を済ませると、まずクロオオアリの働きアリを殺してそのにおいを塗りつけ、変装してクロオオアリの巣に入るんです。そして女王の喉笛に咬みついて、2週間ほどかけて弱らせて殺します。クロオオアリの女王が死ぬころにはすっかり女王のにおいが移って、トゲアリは偽物の女王になって、自分の子供をクロオオアリの働きアリに育てさせるんです。必ずうまくいくわけではなくて、野外ではクロオオアリの巣穴のまわりに潜入に失敗したトゲアリの女王の死体が落ちていることもあります」

「ケアリの巣を乗っ取るアメイロケアリの女王は、ケアリの女王を直接には攻撃しません。ケアリの巣にまぎれこんで1カ月ほどすると、ケアリの働きアリが本物の女王を異物とみなして攻撃しはじめます。アメイロケアリはアリが仲間の認識に使うにおいを少しずつかすめ盗って、女王より女王らしくふるまうんです」

アリの話をしているだけで幸せそうな島田さん。小さいころからとにかく生きものが好きで生きものにまみれていない暮らしは考えられず、高校を2年生のときに中退してペットショップや動物園で働いていた。山で見つけたムネアカオオアリの女王を飼いはじめたことから、アリ同士の細やかな助けあいや愛情深いしぐさのとりこになってしまい、２００1年にAntRoomを立ち上げたという。月に1回ほどのペースで石垣島に採集に出かけるほか、アリの研究者といっしょに海外で調査することも多い。写真家としての腕も素晴らしく、フィールドでの生態写真〈※7〉や飼育しているアリの写真を図鑑やテレビに提供している。

メレ子「いつかはネットだけでじゃなくて、路面店を出したいお気持ちもありますか？」

島田さん「そうですね～。ドイツにはアリの路面店があるんですよ！　冬が長いので、屋内で楽しめる飼育を趣味にしてる人が多いんです。日本だと規制〈※8〉が厳しいんですが、ドイツだとすごい設備でハキリアリ〈※9〉を飼っている人もいるんですよね」

わたしが島田さんと並んで、心中「アリの巣界の御三家」と勝手に呼んでいるのが、好蟻性生物研究者の丸山宗利さんと小松貴さんだ。

好蟻性生物とは、アリと共生する〈※10〉生きものの総称だ。高度な社会生活を送るアリに依存して暮らす生きものは多い。前述のクロシジミなどもそうだが、クロシジミがアリとギブアンドテイクの関係を築いている一方で、ゴマシジミの幼虫は同じようにアリに育てられながらアリの

※7　標本や飼育している生きものの写真ではなく、野外で暮らしているときの状態をそのままとらえた写真。

※8　日本への生きものの持ちこみにあたって考慮しなければならない規制は、おもに3つ。
ひとつはいわゆるワシントン条約（絶滅のおそれのある野生動植物の種の国際取引に関する条約）で、業界では英語の頭文字をとってCITES＝サイテスと呼ばれる。取引にあたって制限が必要な動植物が3ランクに分けて指定されている。そして農業の安全をはかる目的で植物および有害動物の検疫について定めている植物防疫法と、外来生物法だ。

※9　ハキリアリは南米に生息する農業を営むアリだ。木の葉を丸く切り取って巣に持ち帰り、小さく嚙み砕いたものにキノコを繁殖させ、巨大なコロニーを作る。日本では植物防疫法で有害動物に指定されているため、輸入や飼育はできない。国内では唯一、多摩動物公園の昆虫園で厳重に管理されたハキリアリ

幼虫を盗み食いし、育ての親に仇をなしている。チョウだけでなく、甲虫・ハチ・ダニ・カタツムリからなんとカエルまで、幅広い分類群の生きものがアリの巣に関わって暮らしているのだ。

丸山さんらが8年をかけて編んだ共著『アリの巣の生きもの図鑑』（丸山宗利・小松貴・島田拓・木野村恭一 著／東海大学出版会）は、日本の好蟻性昆虫の美しい生態写真と詳細な説明、ちょっと型破りなコラムがすし詰めになった必読の図鑑だ。

好蟻性生物の講演をされる際にはとんがり帽に黒マント、星のついたスティックを手に魔法使いのいでたちで登場し、磨き抜かれた発表で聞く人を魔法にかける小松さんのコラムが、本書の一面を特によく示している。ここに一部引用させていただく。

俺は人と関わるのがとにかく嫌で（中略）生きものだけ相手に、時々パソコンゲーム（18歳未満購入禁止）だけして過ごしたいほどだった。そんな俺に、丸山氏が「好蟻性生物の図鑑作るから、写真撮ってこい」と命じたのは数年前。（中略）このとき協力いただいた人のなかには、その後も個人的交流が続き、一緒に虫採りに行くほどになった人もいる。

（中略）実は丸山氏は、人嫌いな俺にさまざまな人との交流を通じ、俺が失いかけていた「人の心」を思い出させるため、あえてこの任務を与えたのではないかと思う。好蟻性昆虫を巡る旅は、人の縁を考える旅だった。

アリとアリのドラマ、アリと好蟻性生物のドラマ、そしてアリの巣をめぐる好蟻性な人々のあ

の巣を見ることができる。しかし、ハキリアリが戸外で越冬できないドイツでなら、ANTSTOREなどのお店でハキリアリのコロニーを約160ユーロで購入することも可能なのだ！

ANTSTORE（www.antstore.net）

※10 好蟻性生物とアリとの関係は実に多様だ。アリからの攻撃をかわしながらアリの巣に暮らす「敵対共生者」、アリに気づかれずに巣にまぎれこんでいる「無関心共生者」、巣の一員として積極的に迎えられている「相愛共生者」、体表や体内に寄生する「外部・内部寄生者」、アリに栄養を与えて保護してもらう「栄養共生者」などの分類がある。

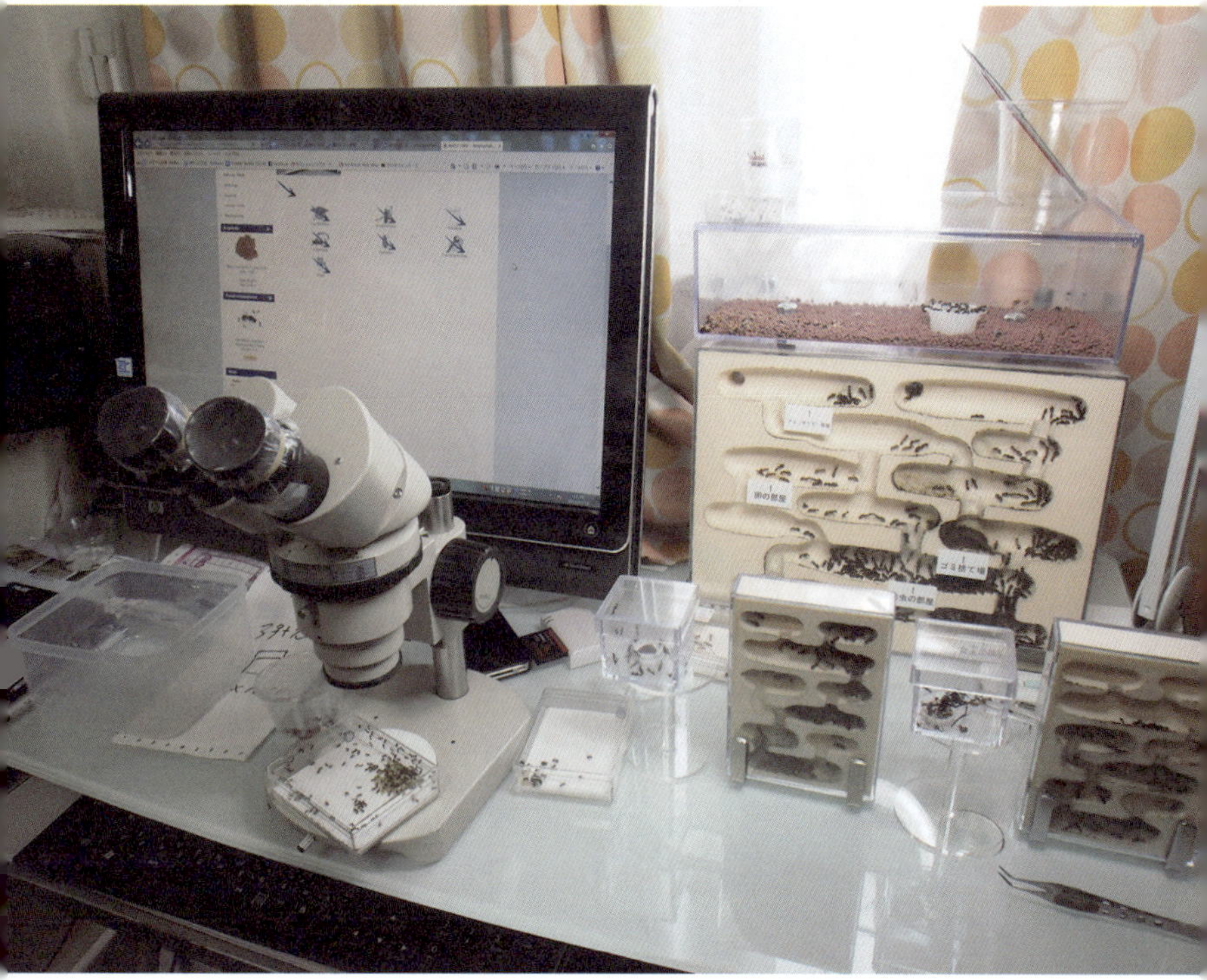

島田さんの「アリ部屋」。室温は年間を通して常に25℃に保たれている。机の上にはいつでもアリの観察ができるように、蟻マシーンと拡大鏡つきスタンド、顕微鏡が常設されている

いだにも、意図するとせざるとにかかわらずドラマが生まれてしまうらしい。わたしもそんなドラマの断片を目にするたびに、誰かに伝えたくてこんな文章を書いているのだが。

アリの巣が女王を中心としたまとまりなら、不幸にも女王アリを失ってしまった巣はどうなってしまうのだろうか。巣はそのまま死に絶えてしまうのか？　島田さんにこの問いをぶつけると、こんな答えが返ってきた。

「いえ、それまでは子を産まずに女王を支えてきた働きアリたちが、みずから子を産みはじめるんです。でも、新しく生まれるのはオスばかりです。オスたちは結婚飛行に飛び立って、遺伝子を巣の外に伝えていくんですよ」

「超個体」は、実際には前段で書いた冷酷無比な組織ではない。女王アリは巣の中心ではあっても、家来に指図をしない。蟻マシーンの働きアリたちも、異常を感じれば女王アリのあごを乱暴にくわえ、安全なところにグイグイ引っ張っていく。決まった巣を持たずにジャングルを行軍するヒメサスライアリは、仲間が危険に陥ればみんなで助け、脚を失った仲間を野営地に運ぶ〈※11〉。1匹ずつが自律的に行動してコロニーを成立させているのだ。映画のアラクニド・バグズが人間大のヒメサスライアリだったら、人間はとっくに絶滅しているかもしれない。彼らには、ここを仕留めればいいというブレイン・バグのような「頭脳」が存在しないのだから。

しかし、進化において絶大な成功をおさめている彼らも、人間の重機や開発の前には無力だ。宇宙に進出するのもおおいに結構だが、同時に地球に暮らす小さな生きものたちとも仲良くしていきたい。

※11　ヒメサスライアリが弱った仲間を運ぶ姿は美しいが、このアリと同居するハネカクシの仲間も、ちゃっかり同じ姿勢でアリに運んでもらっている。グンタイアリやサスライアリのように長距離を移動するアリの好蟻性生物は、アリに運んでもらうことが生活に組みこまれているのだ。

〔4〕

クモ

神秘の網にからめとられた
「クモ狂い」たち

蜘蛛

鋏角亜門クモ綱クモ目に属する、昆虫ではない虫。体は頭胸部と腹部に分かれ、4対8本の歩脚を持つ。有毒の大顎を持ち肉食。網を張って獲物を待つ造網性と、素早く走って獲物を捕らえる徘徊性に大別される。脱皮を繰りかえし成長する。

たたかうくも
〔紙、水彩〕
澁谷晋尚　Akihisa Shibuya
（姶良市立竜門小学校）

すてきなクモのお姉さん

「ぼく、死にたくない！」ウィルバーはキイキイ悲鳴をあげながら、地面につっぷしました。

そのとき、シャーロットがきっぱりといいました。

「死ぬようなことにはならないわ」

「ええっ？　ほんとなの？　だれがたすけてくれるの？」と、ウィルバーがききました。

「わたしよ」と、シャーロット。

「どうやって？」

「それはお楽しみ。でも、命はたすけてあげるから、すぐにしずかにしてちょうだい。子どもっぽく泣きわめいたって、なにもはじまらないのよ。さあ、泣くのはやめて！　ヒステリーにはがまんできないの」


E・B・ホワイトの『シャーロットのおくりもの』（さくまゆみこ訳／あすなろ書房）の一節だ。このしびれる口調のお姉さん、何者だと思いますか。実はあの嫌われ虫の代表、クモなのだ！

間引きされかけていた子ブタは人間の少女ファーンに助けられ、ウィルバーと名づけられる。

スクスク育ったウィルバーはある日、クリスマス用のハムになる運命を知り、恐怖に泣きわめくのだった。それを救うのが、納屋に巣をかけていた灰色のクモ・シャーロット。賢く優美な彼女が編み出した、ウィルバーを救う秘策。それは毎日作りなおす彼女の芸術作品――クモの巣に、「SOME PIG（たいしたブタ）」をはじめとした文字をつむぎ、ウィルバーを神に祝福されたブタとして有名にすることだった。

子ブタとクモの冒険と友情を描いたこの児童文学作品は、1952年に出版されて、アメリカだけでも980万部を超えるベストセラーとなった。ガース・ウイリアムズの挿画もすばらしい。シャーロットがこしらえた網の下で、恥じらいながらたたずむブタの愛らしさときたら！

シャーロットは非現実的な活躍をする存在として描かれるが、巣作りや産卵のシーンは実際のクモの生態に忠実で、自然誌としての価値は失われていない。「シャーロット・A・キャヴァティカ。でも、シャーロットってよんでね」と名乗る彼女は、*Araneus cavatica*、英名 Barn spider というオニグモの仲間だ。家畜の暮らす Barn ＝納屋に巣をかけ、飛んでくるハエや小虫を食べてくれるクモは、農場の大事な構成員なのだ。

女をめぐるクモ相撲

2013年5月の連休のある日、わたしは潮の香りただよう国道をテクテク歩いていた。JR

千葉駅から内房線で約1時間かけ、着いた青堀駅の周辺地図は古墳まみれだ。駅前にも小さな古墳が鎮座している。しかしお目当ては古代のミステリーではなく、「富津（ふっつ）フンチ」だ。

フンチ（ホンチ）は、房総半島におけるネコハエトリというハエトリグモの愛称、またそのオス同士を戦わせる遊び。かつて子供たちのあいだで、ポケモンばりに一世を風靡したという。

さんざん迷いつつ〈※1〉たどり着いた小さな神社の境内は、人でいっぱいだ。貼り出されたトーナメント表には、飼い主がつけたクモの名前が書かれている。赤影、剛一丸、白小力――相撲のしこ名のような強そうな名前が多いが、個人的には「ヒロ炭酸」の名の由来が知りたい。

境内の畳の上に置かれた碁盤のような台がフンチの土俵だ。行司役のおじさんは対戦者から受け取った箱からフンチを出し、土俵の上で見合わせる。2匹のフンチは、8本脚のうちいちばん長い前脚の一対を大きく横に広げ、左右にピョコピョコと踊りはじめた。わたしも廊下などで人とばったり会って、お互い同じ方向に避けてしまっているとき、よくこんな動きをしている。

大きくピカピカ光る8つの眼に、モジャモジャの風体。今にもニャーと鳴きそうな（鳴きません）ネコハエトリは、春になると縄張りをかまえ、メスをめぐってオス同士で争う。この習性が、そのまま人間の遊びになったのだ。フンチはピョコピョコ踊りで体の大きさを見せつけ、取っ組み合いで傷つく前に戦いを終わらせたがっているようにも見える。

フンチA「なんだテメェコノヤロー」
フンチB「お前ェこそなんだバカヤロー」
フンチA「ぁんだと！　バカヤローコノヤロー」

※1 実はこの日の前日、わたしは横浜フンチに潜入失敗している。ネットの断片的な情報をもとにたどりついたある駅前で、見知らぬおじさんの情報などを参考にRPGの主人公のようにさすらい、気がついたら横浜市立金沢動物園でコアラを見ていた。「フンチ・フォーミュラは、ピンチョンの『競売ナンバー49の叫び』のトライステロのような、外部の詮索を拒む秘密結社によって守られているのではないか……？」そんな妄想の兆す1日だった。

長い第１歩脚（フンチ遊びではケンと呼ばれる）を振りあげて戦うネコハエトリたち

チンピラがケンカする前に、肩を怒らせてガンたれ合うのと同じである。……と書いてはみたものの、わたしはモヤシっ子なのでチンピラの生態にはクモの生態以上にうとい。

どちらも及び腰で戦いがなかなかはじまらないとみた行司は、懐から別の箱を取り出した。中には、ぼってりした腹の茶色いクモ。メスのクモを見せて、オスの士気を高めるのだそうだ。いかに虫けらといえど、そこまで即物的だろうか……？

本当に「うおー！　いい女！　強い者がいい女を手に入れる！」と思ったか知らないが、フンチたちがいきなりがっぷり四つに組んだ。頭に生えた牙のような触肢（しょくし）を絡ませあう。攻めるほうは腹部を上下にピクピクと動かし、すごい剣幕だ。体長10ミリに満たないクモのどこに、こんなバネが潜んでいるのだろう。どちらかが逃げだすと、勝負はお開きとなる。

対戦者がフンチを持参する箱も、画鋲やまち針のケースから、ハマグリをテープでとめたもの、きれいな千代紙を張ったマッチ箱のような「ホンチ箱」〈※2〉などさまざまだ。全盛期ほどではないにしても、神社は小学生から70代くらいまでの老若男女で終始にぎわっていた。

加治木のくも合戦

日本各地に残るクモ相撲の中でも最大規模なのが、鹿児島県姶良（あいら）市加治木（かじき）の「くも合戦」だ。

※2　加藤光太郎さんというホンチ箱を作る木型職人がいて、1960年代ごろまで約40年間、一手に生産していたという。第二次世界大戦後の昭和20年代には、なんと1年間で60万箱も生産していたというから、ブームの熱さがしのばれる。

「フワーッ！　さ、最高すぎる……」

2013年6月、くも合戦の前日。くも合戦行司の一人である川原卓郎さんのお宅におじゃまして、2階のベランダに案内されたわたしは息をのんだ。ネットがかけられた広いベランダに、クモを戦わせるための台とパイプ椅子。物干し竿にかかった数十個の網袋には、コガネグモのメス〈※3〉が1匹ずつ入っている。

富津フンチは野生のオスの争いをいわば再現したものだが、ピョンピョン移動する徘徊性のハエトリグモとは違い、コガネグモは網を張って獲物を待つ造網性のクモである。自然状態でメス同士が出会って戦うことはほぼないだろう。強く育てたメスを持ちより、棒の上で争わせる。クモにとっては最高に不自然な受難が、加治木くも合戦なのだ。

川原さんは翌日の合戦にそなえ、星取り表をにらみながらクモの選抜試合をはじめた。川原さん自身は、当日は行司の大任がある。奥さんと20代の息子さん、娘さんそれぞれに、強いクモを託して出場してもらうのだ。くも合戦には「名人」と呼ばれる家がいくつかあり、みんな家族総出で出場しているようだ。

袋の中には、クモを個体識別するため「A1」「D5」などと書かれた紙片が入っている。アルファベットは採集地の略称だが、詳細は門外不出。出場者たちは合戦のひと月前になると、野に出て強そうなクモを探す。これはと見こんだクモを連れ帰り、自宅で育てるのだ。

川原さんの奥様は「今年は雨風が降りこむベランダじゃなくて、部屋をひとつ明け渡せと迫られたんですけど、断りました」と言う。気持ち悪いからとかではなく、「クモのおしっこが壁を

※3　クモの仲間には、雌雄で明確な体格差があるものが多い。コガネグモのメスは体も大きく立派な縞模様があるが、オスは脚まで含めても10ミリほど。フンチで争うのはオスだが、くも合戦で戦うのはすべてメスである。

汚すから」と、断る理由も上級者だ。クモの排泄なんてはじめて見たが、糸の成分を含んでいるのか、粘性の白っぽい飛沫をまわりにペッと飛ばす。乾くと拭いても取れないそうだ。

クモのエサとして、川原さんは大きなケースに葛の葉をいっぱいに入れ、ドウガネブイブイというコガネムシをたくさん飼っていた。エサをあげるところを見たいとお願いすると、「じゃあ、この上に巣を張ってるやつに」と、ブイブイを放り上げる。巣を揺らされたコガネグモの反応は、まさに一瞬だった。バスケットのボールのようにブイブイをシュルルルと脚で回しつつ、幅広のテープのような糸をかける。あっという間に、ブイブイは白い球になってしまった。

クモ嫌いにはおぞましい食事風景かもしれないが、わたしはこのとき、コガネグモのかわいさがわかった気がした。生きもの飼育の絶対法則「エサを与えてから食べるまでのリードタイムが短いほど愛おしい」に、コガネグモはピッタリだ！　虫のような懐かない生きものの飼育では、エサやりは貴重なコミュニケーション。これは愛せる……。

メレ子「クモを強くするために、焼酎を吹きかける〈※4〉なんて話も聞いたことがありますが」

川原さん「うん、私も焼酎をかけますよ。今かけてるのはただの水ですけどね」

川原さんは霧吹きを手にし、網袋にかけている。

「水を飲んでるとこ、かわいいですよ」

ほんと？　と網越しに見てみると、クモはたしかに脚で身体の水をぬぐい、口元に運んでいる

※4　お話を聞いた出場者の方の中には、ビタミンを注入したカナブンや、スズメバチを漬けた焼酎をかけてみたという人もおり、まるでカンフー映画の秘術だ。ただし、焼酎をかけられたクモは、カナブンを与えると怖がって逃げまわるような、「飼い主に似て」優しい気質になってしまったそうだ。

ように見える。クモがこうやって水を飲むとは……知らなかったことばかりだ。

「川原さんも行司ではなくて、合戦に出たいのではないですか？」と訊くと、川原さんは「行司ができる人はみんな合戦に出たいから、行司はやりたがらんです。息子に引き継ぎたいんだけど、息子も『自分のクモで優勝してから』って言ってる」と笑っていた。

ヤマコッキッゲのいちばん長い日

合戦当日の朝8時。会場である加治木町福祉センターには、くも合戦の黄色いのぼりがはためいている。毎年約100人がエントリーしているというから、来場者全体はその3倍を下らないだろう。コガネグモも300匹を超える数が集まっていることになる。

くも合戦は午前が「優良ぐもの部」「合戦の部（大人・子供）」、午後に「王将戦の部」の三部構成で行われる。

まずはクモの見た目や美しさを競う「優良ぐもの部」。裃（かみしも）で正装した行司さんたちがクモを棒に登らせていく。スタイルや色艶を見て劣るものを下げ、最終的に残ったものが勝つ仕組みだ。今年は全体的にレベルが高く、例年よりかなり長い30分弱をかけて優良ぐもが選ばれた。

続いて始まった「合戦の部」では、出場者が出した3匹のクモを順に対決させ、勝ち点の合計を競う。合戦のルールだが、床に水平に固定した「ひもし」という横棒の先端に、まず「かまえ」のクモを待機させる。そして、「かまえ」に向き合わせる形で「しかけ」のクモを乗せる。一般に迎え撃つ「かまえ」のほうが、心に余裕（?）があるため少しだけ有利だと言われている。

決まり手は以下の3つ。

一　相手のおしりに糸をかける
二　相手のおしりに咬みつく
三　上になったクモが下のクモの糸を切って、棒から落とす

「おしりに咬みつく」は、実際にはクモが傷つかないよう咬みつく直前で制止するというから行司のスキル〈※5〉はすごい。動体視力の低いわたしからすれば正直、「かまえ」と「しかけ」がひとたび組み合うとどちらがどちらかすら……ただ熱さのみが伝わってくる。

行司の横で輝いているのが、保存会副会長で司会の西倉厚さん。くも合戦での司会歴は46年！　片時も試合から目を離さず、マイクで実況を続けている。「勝負ない勝負ない！（咬んだのがおしりではないので、まだ勝負はついていないという意味）」「わたしも奥さんに咬みつかれております」といった、ときおり不要な情報が挟まれる名調子なくしてのくも合戦は、もはや考えられない。

会場内に設けられた3つのステージで、どんどん試合が行われていく。多くは鹿児島県内からのエントリーだが、東京や和歌山からの参加者もいる。テレビ局の取材に応えるお婆さん、クモと写真を撮る外国人旅行者、怖がって泣く幼児、自分のクモ同士を争わせ士気を高めるおじさん。おそらく世界一コガネグモ密度の高い空間で、みんな思い思いに楽しんでいた。

※5「クモの見分けがつかなくなることってないんですか?」と、くも合戦保存会会長で行司歴30年の吉村正和さんに思いきって訊いてみた。「勝負の前に、それぞれのクモの特徴をちゃんと見ておけば大丈夫です。体の大小、前脚の縞の数に色味。必ず個体差があって、同じクモはいないんですよ。飼い主なら、自分のクモは確実にわかります」と、プロ意識とクモ愛にあふれるコメントが返ってきた。

午後の王将戦になると、試合の緊迫度はさらに高まる。王将戦は、午前中の合戦の部で三勝したクモだけが出られるトーナメント戦。「三勝ぐも」は、闘志の高さが段違いなのだ。

造網性のクモが網から外され、棒の上にとまらされて同族と戦うというのは、人間でいうとオフィスで内勤していたらUFOによって緑色の光で吸い上げられ、気がついたら火星でタコ型宇宙人から「星々に火星ゴルフ会員権を売りこんできてクダサイ。トップ営業になるまでは地球には帰れマセン」と言われるくらいハードモードだ。想像しただけで死にたくなるが、そんな状況でベストを尽くすクモの王将たちに、分類群を超えた尊敬の気持ちが湧きあがる。

決勝戦も、息詰まる見事なものだった。ひもしから2匹ですっ飛びそうなほど、糸を左右に揺らして争い合うクモたち。最後に勝ったのは、なんと優良ぐもの部でも1位だったクモだった。美人ぐもは戦いに有利な体格ではあるが、それと8試合を戦いぬく闘志は、また別の才能だ。

優勝者の笑顔がすてきな女性も、名人と呼ばれる家の人だ。「きれいで強いクモ、どうやって育てたんですか?」と質問してみると「産卵のタイミングが重ならないように食事を調整しました」。一家総出で何十匹を出場させようとも、個々のクモをきめ細かく見ていなければ勝利を手にすることはできない。

加治木くも合戦は選択無形民俗文化財に指定されており、部分的に自治体の助力を得て存続している。ここまで広く人が集まる有名行事となっているのは、実は名司会者・西倉さんの努力によるところが大きい。

コガネグモたちに砂をかけて発奮させる。コガネグモの身体を傷めないように目の細かい川砂を使い、しかも胴ではなく前肢にのみかけている。おみごと！

西倉さん「昔はね、近所の公園でクモを持ちよって勝手にやってたの。昭和41年にこの福祉センターが建ってね、ここで行事にしようって言ったら、若造が何言うかってみんなから怒られてねえ。ビール瓶を投げられて」

メレ子「え、ビール瓶ですか？　えっ？」

西「『クモは見世物じゃねぇ』って。みんな焼酎飲んで、喧嘩っ早いんですよ。合戦の前から、よそのクモ見ただけで『俺ん家のクモのが強い』って取っ組み合いが始まるのね」

メ「飼い主が先に合戦してどうするんですか！」

西「『誰が見に来るか』って意見もあったけどね、真ん中で車座でやればいいじゃないかってはじめたのが、こんな大きな行事になってうれしいですねえ」

くも合戦に夢中な人のことを、加治木の方言でヤマコッキッゲと呼んだそうだ。ヤマコッがクモ、キッゲは「キチガイ」の意味。出場者や保存会のみなさん、たくさんのクモ狂いによってくも合戦は支えられているのだ。

くも合戦を終えた人々は、クモを秘密の採集場所に連れていき、また強いクモに会えることを祈って放す。自力でクモを返せない人には、会場に「くも返却箱」が用意されている（ただし返却箱に入ったクモたちは子供たちのいいオモチャとなり、どれだけ生きて帰れるかは不明だ）。継代飼育で強いクモを育てるのではなく、放すことが組みこまれたサイクルが不確定要素を増やし、勝負の面白さにつながっているように思う。

くも合戦の存続にあたって、いちばんの不安要素はクモの減少だ。コガネグモは人家近くの開けた場所で牛小屋や水路の虫を捕るのが好きな、いわば里山のクモ。芋焼酎ブームで休耕田を芋畑にする家が増え、農薬を使う芋畑では、クモもエサの虫も栄えられない。大きなクモを得るため、南の大隅半島まで足をのばしてクモを採りに行く人が多い。この状況では採集圧も馬鹿にならないので、採ってきたフィールドにクモを返すのが大事だという。

空を飛ぶ子グモたち

コガネグモの寿命は1年。野に返されたクモは、秋までに糸に包まれた卵嚢(らんのう)を作って死ぬ。卵嚢から生まれてきた子グモたちは、数日間はなんとなく身を寄せ合っている。そのあとは個々に旅立っていくのだが、「バルーニング」という不思議な行動をとる。草の葉などのてっぺんに上り、お尻を上げて糸を風にたなびかせる。子グモはとても軽いので、糸の浮力に引かれて風に乗り、タンポポの綿毛のように飛んでいくのだ。

山形県などでは、子グモの白い糸が大量に空を流れていく様子が晩秋の風物詩で「雪迎え」と呼ばれていた。山形県の国語教師だった錦三郎さんは、雪迎えに魅せられ著書『飛行蜘蛛』(笠間書院)を書いた。雪迎えを長年追い続けた冷静な観察記録の中に、生々しい実感がふとのぞく。

わたしの「葦のずい」からのぞいた生物学の世界は、このようにうつくしく神秘にくぐもって、わたしを恍惚たらしめた。

また一方、(中略) まったくの素人が暇をつぶしてやることが、と自問してみてさびしくなる。(中略)

わたしはいつのまにかクモにつかれて、中心のない回転をつづけていた。

冒頭で紹介した『シャーロットのおくりもの』のシャーロットの子供たちも、このバルーニングで大冒険に旅立つ。この文章を書くために『シャーロットのおくりもの』を読み返したが、ウィルバーがシャーロットに最後のあいさつを送るシーンは、はじめて読んだ子供のときよりずっと胸にせまる。こんな友情は、クモの巣に記された文字よりよほど大事な奇跡であることを、今なら知っているからだろう。

クモをむりやり戦わせるクモ相撲は一見残酷な行事とうつるかもしれないが、「クモに狂う」ひと月は、関わる人の自然観を確実に一歩深いものにしている。この不思議な生きものと、人の蜜月が長く続きますように。

大盛況のくも合戦大会。中央ステージの上にいるのが行司の吉村さんと司会の西倉さん。各地に伝わるくも合戦・くも相撲は、漁民によって南方から北上したと言われる。日本の外ではフィリピンにも、ヒメオニグモの仲間を棒上で戦わせる風習がある。街中ではカブトムシのようにクモを並べて売っているのが見られるそうだ

〔5〕

ホタル

愛され虫の甘い罠

NEVE 蛍石のネックレス＆ピアス
〔鉱物／フローライト〕
松倉 葵　Aoi Matsukura

蛍

甲虫目（鞘翅目）ホタル科。日本産ホタルとして代表的なゲンジボタル・ヘイケボタルの幼虫は水生で、巻貝などを食べ、春に川岸に上がり繭を作る。卵から成虫を通して発光し、成虫が交尾のため発光する姿は夏の風物詩として愛されている。

夏の愛され虫

夏の虫といえばセミ、クワガタ、カブトムシなどが思い浮かぶ。その中でもとりわけ、大人に絶大な人気を誇るのがホタルだ。カメムシやハチなんて、虫としてのごく常識的な範囲で生きているだけで大騒ぎされるのに、わざわざ連れてこられて庭園に放たれ、鑑賞されるのなんてホタルだけだ。観光ガイドも、ホタル名所情報をこぞってとりあげている。

ある女性の友人もこの夏、某有名ホテルのお庭に浴衣でホタル狩りに行ったという。「これ、実はLEDらしいよ」「マジで?」と冗談を言いながら楽しんだそうだが、よく考えると不思議な気もする。まったく虫好きではなく、わたしがSNSに投稿する虫の写真もがんばって見てくれている(ごめんなさい……)、そんな彼女が光に虫性を求めていて、LEDでは興醒めだと思っているということなのだから。

黄緑色の尾を引く優しい光は、闇の中で見ると虫の虫たる部分がすべて捨象される。ホタルの成虫の命が短く、草葉の露くらいしか飲まずに過ごすこと、彼らの光は異性を呼ぶための恋の光であること、そしてふだん目にする機会の少なさ。これらの情報があいまって「小さくはかない生きものが、命を削って出す光」という印象が残るのだろう。

ホタルの光の美しさも堪能したいが、どんな生物なのかもくわしく知りたい。2013年6月末のある日、足立区生物園〈※1〉で毎年行われる鑑賞会「ホタル見night!」を訪ねた。案内してくださったのは、スタッフの福澤卓也さんだ。

まずはホタル以外の虫を見せていただく。訪問時には、ちょうど「虫の親子関係展」という特別展示が行われていた。特に面白いのは、亜社会性昆虫のヤマトモンシデムシ〈※2〉だ。土中で過ごす虫なので、ケースに虫が感知できない赤色灯をあてて観察できるようにしているのだが、親シデムシは鶏肉を丸めたダンゴの上でうろちょろしている。

福澤さん「この虫はこうして死んだ動物の肉などでダンゴを作って、その脇に卵を産むんです。卵が孵化して幼虫が出てきたらダンゴの上に集合させて、肉をスープにしたものを口移しであげて世話をするんですよ。親がダンゴの上で待っているので、今日あたり孵化すると思います」

メレ子「ダンゴの上に集合っていうのが引率の先生みたいで、最高にかわいいですね!」

腐肉を漁る虫として気味悪がられがちなこうした虫の魅力も丁寧に紹介し、目を開かせるすてきな展示だと思う。

大きなチョウ温室では、放蝶イベントが人気を集めていた。その日にバックヤードで羽化したばかりのチョウをお客さんに渡し、手から温室に放してもらうのである。チョウの翅を傷めない

※1 足立区生物園にはワラビーやリスなどの哺乳類から両生類・魚類など、たくさんの生きものがいるが、もともとホタル飼育を主な目的として作られた施設だ。2014年4月1日にリニューアルオープンした。

足立区生物園HP（www.seibutuen.jp）

※2 シデムシの子育てについては、ヤマトモンシデムシと同じく雌雄で子育てをするヨツボシモンシデムシの一生を細密に描いた『しでむし』という舘野鴻さんの絵本が、偕成社から出版されている（P300）。

持ち方を教えてもらい、大人も子供もおっかなびっくりチョウを扱っていた。
ホールに渡された金網の通路をシマリスが縦横無尽に駆けめぐったり、2・5メートル×7メートルの巨大な水草水槽があったり、リクガメが執拗に交尾を迫っていたりと、生きもの好きには天国のような場所だ。じっくり見たら午後いっぱいはかかる。そんなに広くないのだが、見せ方が工夫されているので濃く感じられる。

ホタルのことを完全に忘れそうになったあたりで、ホタル飼育スペースに案内していただく。日本には亜熱帯域を中心に約50種のホタルがいるが、ここで飼育しているのは、ゲンジボタル・ヘイケボタル・オオシママドボタルの3種類。わたしたちが普段ホタルといってイメージするのは、ゲンジかヘイケのどちらかだ。

これまでは「水辺で光ってる黒くて細長い虫＝ゲンジかヘイケのどっちか」というゆるい認識だったが、これを機に完全に見分けられるようになりたい〈※3〉。まずは、室内飼育のヘイケボタルから。網を張った箱にミズゴケを入れ、その上で親に産卵させる。箱のすぐ下で水をエアレーションして湿度を保つ。約1カ月経つと、孵化した幼虫は自然に下の水に落ちるという。

ホタル担当・倉岡宗士さん「幼虫の期間は10カ月くらいですね」

メレ子「はかない印象を持っていましたが、けっこう長生きですね……」

水槽の中のホタルストーン〈※4〉をゴロリとひっくり返すと、裏側に甲冑みたいな幼虫がたくさんへばりついている。成虫はともかく、幼虫も好きという人がいたらけっこうな猛者だろう。

※3	ヘイケボタル	ゲンジボタル
生息地	水田、湿地	流れのある川
大きさ	10～12mm	13～17mm
観察時期	7～8月	6月
光り方	1～2秒おき	4秒おき（東日本） 2秒おき（西日本）
飛び方	曲線的	直線的

※4 活性炭を素材とする成型物で、裏のくぼみが隠れ場に適しているとしてホタルの幼虫に大人気らしい。

オオシママドボタルの幼虫。大きくてうっすら桃色。まさに異形。このホタルの幼虫は陸生で、カタツムリなどを食べる。西表島などを夜歩くと、林床でうっすら光っているという（マドボタルに限らず、ホタルは幼虫時代も発光する）。日本ではゲンジボタルとヘイケボタルがメジャーなので、幼虫が陸生というと奇妙な感じがするが、水生ホタルは世界に 2000 種いるホタルの中でも数種のみで、むしろ水生のほうが特殊なのだ

蛹化が近い幼虫は、照明のない別室で管理されていた。水槽の中に土で傾斜を作り、岸辺が再現されている。幼虫はミズゴケを伝って岸に上がり、泥を集めて土繭を作る。そして、成虫になって羽化してくるのだ。

いっぽうのゲンジボタルは、園の裏庭に冷たい井戸水を引いて作った水路で飼育されている。井戸水は年中水温が安定しているため、飼育に適しているのだそうだ。

メレ子「エサは何をあげるんですか?」

福澤さん「成虫は水しか飲みませんが、幼虫は巻貝を食べます。ヘイケはタニシやモノアラガイなどいろんな貝を食べてくれるんですけど、ゲンジは偏食でカワニナしか食べないんですよ。カワニナってもともとくさみのある貝で、暑さで腐ったりすると異臭がすごくて。それを食べているゲンジボタルの幼虫もくさいんですよね」

倉岡さん「身を守るためにくさいにおいを出したりもするんですよ」

1匹の幼虫をつまみあげ、刺激を与えて嗅がせてもらったが、ものに動じない大器な幼虫だったのか、残念ながらにおいがわからなかった。

福「幼虫のにおいの形容が人によって違うんですよね」

倉「僕はよく〝墨汁〟って言ってますね」

福「僕はうきわのにおいだと思うんですよ。うきわに空気を入れるときのにおい」

メ「夏っぽいにおいでいいじゃないですか！　より好感度が上がりますね……」

ホタルの親ははかない妖精のイメージだが、幼虫は見た目が悪いわくさいわ肉食だわで、かなりのモンスター感がある。アイドルのなりふりかまわない下積み時代を見た気がするが、本人たちはどの瞬間も全力で生きているだけなので、別に何かを我慢しているつもりはないだろう。

最後に見せてもらったオオシママドボタルは、八重山地方にいるホタルだ。幼虫を見せてもらって、わたしは「なんじゃこりゃー!!」と奇声を上げてしまった。福澤さんも「この幼虫、めっちゃかっこいいと思うんですよ」と満足げだ。

初夏の夕涼み「ホタル見night！」

「ホタル見night！」の夜間特別開場受付には、お客さんが長蛇の列を作っていた。甚兵衛を着て屋内を駆けまわる幼児もいて、夕涼みの雰囲気だ。ホタル展示室「ピッカリーニのへや」に入る。入り口には暗幕が張られ、照明も落とされているが、手すりに貼られた細いテープに赤色ライトが反射している。お寺の胎内めぐりのように、手すりに手を置いて進んでいけばいい。

部屋の真ん中に2メートル四方の「ホタル見BOX」が置かれ、その中で黄緑色の光が動きまわっている。ゲンジボタルの群舞だ。昼間に飛んでいるホタルを見ると失笑してしまうくらい飛

ヘイケボタル。福島県・只見町の水田近くの路上で

ぶのがヘタクソだが、あのぎこちない飛び方が闇の中だと光跡をより印象的にする。

部屋の反対側の一角では、ヘイケボタルも光っていた。体はゲンジよりひと回り小さいが、チカチカと少しおとなしい光が明滅している。

それにしても、古来から人の魂にたとえられてきたとおり、なんとも非現実的な、この世のものでないような光である。暗闇の中で「これって本当に本物？」と尋ねてスタッフを困らせている人がいるが、気持ちはわからないでもない。ホタルの光は「冷光」〈※5〉と言われ、電気とは違ってほとんど発熱せずに光ることができる。成虫は草の露しか飲まないのに、なんでこんな離れ業ができるのか。この効率のいい生物発光の仕組みを人間の暮らしにも応用したいと研究が進んでいるようだが、まだ不明な部分が多いという。

予約制の飼育ガイドツアーでは、ゲンジボタルの水路に行って自然に近い環境で飛ぶホタルを見ることもできた。子供たち以上に、孫を連れてきたお婆さんが感極まって「わたしの小さいころには近所にたくさんいたのにね〜」と何度も言っているのが印象的だった。

※5 「恋に焦がれて鳴く蝉よりも鳴かぬ蛍が身を焦がす」という都都逸があるが、ホタルも別に身を焦がしてはいないのだ。

暴走するホタル愛

虫とは思えぬほどに人々から愛されているホタルだが、その数をどんどん減らしており、生息環境を含めた保護が必要なことから自然保護・里山保護のアイコンのようになっている。しかし、実際には自然保護の観点から見ると首をかしげるような活動も各地で行われている。

ホタルが激減した川に、違う産地のホタルを移入することもそのひとつ。前出の比較表にもあったように、ゲンジボタルは東日本と西日本で光り方が違う。光り方に「方言」があるとすると、点滅の間隔がよりせっかちな西のホタルが「好きや～、めっちゃ好きや～（チカチカ）ほんまに好きや～（テコテコ）」と言っているように見えてくる。思わず「ベタベタやないか！」とツユクサの葉で作った極小のハリセンでしばきたくなってきてしまうのだが、冗談はさておき、ホタルの光り方にはそのように、産地ごとにわずかな差があるという。違う地域の異なる言語でコミュニケーションを取っているホタルを人為的に混ぜると、オスメスの交信まで混乱するので、結果的に共倒れとなってしまう可能性があるのだ。地域的絶滅に至らないまでも、人為的な移入による遺伝子汚染を問題視する生物学者も多い。

では、その地域で捕獲した個体群を大きく育てて返すならいいのかとも思うが、飼育下で育てられた個体が在来個体のパイを圧迫し、長期的に見るとどちらもいなくなってしまうという研究もあるそうだ。エサとなるカワニナの放流にも、同様の問題がある。

「ホタルの里」をスローガンにした町おこしの結果、ホタル養殖池や水路を作るために元々あった生きものの住みかを潰したり、観光客が押しよせて肝心のホタルが減ったため、あわててよその地域のホタルを移入したりと、皮肉な結果になっている地域もあるようだ。みんなでホタルを飼育して放流すれば、地元メディアなども好意的に報道してくれる。とても楽しく、充実感が得られる活動であろうことは容易に想像できる。「今年ホタルが見られるならあとの環境がどうなってもいい」というのならまだしも、人と自然の共生、里山、生物多様性といったキーワードを掲げるのならば、生物学的に何が正しいのかをくり返し問いかけることを怠ってはならない。

2012年には、ホタルが毎時0・5マイクロシーベルト以上の放射線に曝されると光らない「自然のガイガーカウンター」だと主張する自称ホタル専門家によって、福島に別産地のホタルを移入する復興プロジェクトが行われかけるという騒動も起きている。この専門家はナノ純銀による除染など、いわゆる「擬似科学」〈※6〉に属する主張が多く、根拠となる放射線下でのホタルの発光度の違いを示す写真に露骨な撮影条件の違いや加工が指摘されるなど、問題も多かった。最初から疑いをもって聞けば綻びのある主張でも、耳ざわりのいい旗印があれば多くの人が信じてしまうといういい例だ。そして、善意で動いている人たちに、活動への指摘や批判に耳を傾けてもらうのは、とても難しい。ホタルが万人に愛されているがゆえに、時に間違った活動のアイコンとなってしまうのは悲しいことだ。

また、そんな中でもたえず正しさを追求しながら保全活動をされている人たちの努力には本当に頭が下がる。わたし自身は今のところ、野外のいわゆる「ホタルの名所」には行かないという消極的なルールしか自分に課していないのだから。

※6 科学的な根拠があるかのようにうたいながら、実際にはそうではない研究のこと。ニセ科学ともいう。

なぜ光るのか？

光る虫の話なのに、暗い話になってしまった。

わたしの人よりすこしだけ優れた能力、それは最悪のケースを想定することである。たまにホタルを見る機会に恵まれても「ああ、なんてハイコストな夏の風物詩なんだろう……」「10年後にも、ここでこの光を楽しめるのだろうか……」「そもそも10年後、わたしどこで何をしてるんだろう……」と、その神秘的な光を素直に楽しめなくなり、一部ホタルと関係ない将来への不安まで浮かぶ始末だ。彼らのかぼそい光が、種としてのSOSを訴えるモールス信号のようにも見えてくる。でも、そもそもなんでホタルって光るんだっけ?

ホタルの成虫が光るのは、さきに書いたように異性と交信するためだ。人間の中にも、車のブレーキランプを5回点滅させて「ア・イ・シ・テ・ル」のサインを伝えてしまう歌手などがいるが、たぶんホタルの生まれ変わりだろう。

対して、幼虫が光るのは「オ・イ・シ・ク・ナ・イ・ヨ」のサインだとする説が一般的だ。ホタルの幼虫・成虫は、窮地に陥るとくさい粘液を分泌するので、好んで食べようという捕食者は少ない。これにあやかろうとホタルに擬態する虫もいるが、光るところまではさすがにマネできていないらしい。

北米にいるホタルの仲間*Photuris*属には、別種のホタルのメスの光り方のパターンをそっくり真似るものがいる。それに魅かれた別種ホタルのオスが飛来すると、待ち構えていたフォトゥリスに捕らえられ、食べられてしまう。一人で美人局をやっているというわけだ。こんな肉食系なホタルが日本でもっと一般的だったら、ここまで人気が出たかわからない。

ホタルではないが、美しく光る面白い生態の虫がオーストラリアとニュージーランドにいる。日本では唯一、東京都の多摩動物公園で見ることができる。その虫の名はグローワーム〈※7〉。

※7 実際には、ホタル科なども含め、発光する虫の幼虫を総称してGlowwormと呼ぶらしい。

洞窟を再現した、真っ暗でひんやりした施設に入り、天井を見上げると無数の青く小さな光がまたたいている。まるでプラネタリウムのようだ。

しかし星空ロマンに浸るのもつかの間、暗がりを出て案内板をよく読むと気分は一転するだろう。グローワームはヒカリキノコバエという、カのように小さな虫の幼虫である。彼らは洞窟の天井から、ネバネバした糸を何本も垂らす。昭和のドラマの中で、よくキッチンとリビングのあいだに吊るされている謎の玉すだれのような粘液の粒。そして、おしりの先を青白く光らせる。

ハエやユスリカなどの小虫が青い光に引き寄せられてやってくると、ネバネバにくっついて動けなくなる。グローワームはゆっくり玉すだれをたぐり上げ、獲物をミチミチと捕食するのだ。

ホタルのはかない光もいいが、みすぼらしい虫が作る美しい罠も趣があるとわたしは思う。アイドル扱いされすぎて一部でなんだかおかしなことになっているホタルも、グローワームに学んでそろそろ方針転換してもいいのではないだろうか。彼らも幼虫のときはなかなか凶暴なのだし、素質十分だ。なんなら人に牙を剝いてもいい。

そう、表参道や六本木のイルミネーションにまぎれて、寄ってきた人間たちを食い尽くすのだ。ミッドタウンがピチャピチャという食事のやさしいざわめきに満たされ、エコでロハスなイルミネーションで街はふたたび輝きを取り戻すだろう……人の住むところとは思えない暑さの中で、そんな光景を想像するだけで、なんだかちょっと胸がすっとして涼しくなれるのである。

多摩動物公園のグローワーム。これは粘液のついた糸を観察しやすいように、横から青い光を当てたもの。この玉すだれが、洞窟に暮らす羽虫たちにとっては死の罠になる

〔6〕

タマムシ

女子開運グッズとしての
タマムシに関する一考察

タマムシの合子
〔漆、蒔絵〕
分島徹人 Tetsuto Wakeshima

玉虫

甲虫目（鞘翅目）タマムシ科に属する。一般的に広葉樹の高い梢を飛び、立ち枯れた樹木や貯木場に産卵に訪れる。幼虫は枯れた木材をエサとして育つ。金属光沢のある美麗な翅を持つ種が多く、古来より装飾品などに用いられる。

憧れのタマムシ

2013年の夏まで、生きたタマムシ——正確に言えばヤマトタマムシ——を見たことがなかった。「玉虫色」という言葉はよく聞く。「玉虫色の決着」などはっきりしないことを表す用法が多いので、タマムシを知らなければ思い思いに冴えない色をイメージしてしまいそうだ。しかし本来の玉虫色は「光線の具合で緑から紫、青まで色を変える染め色」とされ、実物のタマムシもそんな色を基調としている。「何色だかはっきりしない濁った色」ではなく、「息を飲むほど刻々と変化する色」が、真のタマムシ色なのだ。

日本や中国では、この美しい虫を幸運を呼ぶ「吉丁虫」として愛でてきた。簞笥に入れておくと着るものに一生困らないという言い伝えから、花嫁道具に添える風習もあったようだ。江戸時代の女性は恋愛のお守りとして手元に置いた。美しさにあやかった、いわゆる「女の幸せ」のシンボルだったのだ。

図鑑で見たり標本を買ったりして眺めるたび、この装身具のような虫が生きて動いているところを想像して陶然となった。タマムシといってもいろんな種類がいて、世界では15000種、日本では約210種が知られる。東南アジアには大型の美麗種がいるが、日本の代表選手はやはりヤマトタマムシ。わたしが過去に見たことがあるのは、南方系のタマムシであるアオムネスジタマムシだけだ。石垣島で八重山そばを食べていたら、偶然飛んできてくれた。このときも喜びの舞を舞ったが、やはり見てみたいのは構造色〈※1〉の輝きだ。

近くて遠い高尾山

「高尾山〈※2〉にアオタマムシを見に行きませんか」

ああ、それにつけてもタマムシの見たさよ……とブツブツ言っていたら、虫屋の政所名積(まんどころなづみ)さん〈※3〉が見かねて誘ってくれた。ヤマトタマムシじゃないのかあ、と生意気にも最初はそう思ったが、画像検索してみると出てきたのはヤマトに負けず劣らず美麗な虫だ。こんな虫が、あの高尾山に本当にいるのだろうか。

高尾山は東京近郊の行楽地として有名だが、有名すぎるがゆえにあまり近づいたことがない。というのも数年前、紅葉シーズンの連休に暇すぎてうっかり高尾山に登ってしまい、とんでもない混雑に巻きこまれた苦い思い出がある。なんだこれは。ナチュラル感のある女優を起用して、マイナスイオンに噎(む)せよと言わんばかりの京王線の車内広告とは大違いではないか。芋洗いの惨状に、人混みが大嫌いなわたしはおおいに弱った。せめて帰りはリフトで楽をしようと思ったら2時間待ち。すごすごと歩いて下山した。

「猫も杓子も登る芋洗山」としてメレシュラン敬遠三ツ星リストに登録された高尾山だったが、

※1 タマムシの緑色は翅に緑色の色素があるわけではなく、キチン質の多層膜に反射した光が干渉するために色づいて見える。そのため、標本などにしても褪色しないのが特徴。

※2 ミシュランの旅行ガイドでは、最高ランクの三ツ星に認定されているが、フランス人に格付けされて喜ぶのも何やら癪だ……とにかく気に食わない。

※3 政所名積さんは「展翅屋工房」という屋号で、昆虫標本作成業を仕事にされている。
2012年に主催したイベント「昆虫大学」では、政所さんに標本作りの実演をしてもらった。来場者は見慣れない道具や手順に驚いていたが、「この人たち、みんな標本を作ったことがないんですよね!? 信じられない!!」と、誰より驚いていた

虫好きと話していると「この虫は東京なら高尾山にもいて……」と、意外にちょくちょく名前が出てくる。芋洗山の魅力を、わたしが知らないだけなのか？　興味を持ったわたしは、アオタマムシ採集に同行させてもらうことにした。

「アオタマムシが活動するのは、梅雨明け後の7月ごろ。快晴無風で、林内でも30℃以上ある暑い日が理想です。12時〜13時が、いちばん多く見られるゴールデンタイムですね」

芋洗山あらため高尾山登山のスタート地点となる京王線高尾山口駅は、新宿から1時間弱。正午に集合したわたしたちは、政所さんの解説を聞きながらリフトで山を登っていった。あくまで虫が目的なので、登山は潔くショートカット。眼下の斜面にはカエデが青々と茂り、樹冠を珍しいカミキリムシが飛ぶこともあるという。白いヤマユリも、点々と花をつけている。

政所さん「まずはメスを狙いに行きましょう」

メレ子「オスとメスで見られる場所が違うんですか？」

政「全然違いますよ！　アオタマの成虫はオスもメスもブナの葉っぱを食べますが、幼虫はモミの枯れ木を食べるんです。交尾を終えたメスが、モミの木に産卵に来たところを捕まえます」

メ「オオ……知能犯〈※4〉……」

いかにも登山装備の人から、ワンピースにサンダルの女性もいる。リフトやケーブルカーが使

のは政所さんだった。
　標本経験値ゼロの若人たちは、政所さんにしてみれば広大な虫屋未開市場だったらしい。政所さんは2日間ぶっ通しでお客さんに標本について語り続け、ほとんど喉がかれてしまった。

※4　政所さんによれば「習性をよく調べないと、出る時期や場所がピンポイントな虫はまず見られませんよ！　採れたらそのときの環境や天候・気温など

えて、登山コースも難易度に応じて選べる山ならではだ。30℃を超える暑さのため、さすがに行楽客は少なくひと安心。登山道から林に入ると、大きなクロアゲハが何度も林道を横切った。

「あっ、アサギマダラの翅が落ちてる！」

高尾山は、一年を通じて避暑と避寒をくり返す「旅するチョウ」アサギマダラの関東での生息地としても知られる。

メレ子「なんでこんな開けた山に、面白い虫がたくさん……（ブツブツ）」
政所さん「高尾は関東山地の東縁ですからね。ここは賑やかですけど、奥は山梨方面まで続く森が広がっていますから。『奥行きがあって、なおかつ開けている』というのが大事です。深い山の中では、虫が多くても見つけるのが難しいですからね」
メ「なるほど……」
政「飲み物もご飯もお菓子も売店で買えるし、トイレも完備。気軽に虫に親しみに来るには最高の山〈※5〉ですよ！」

アオタマの母と父を採る

タマムシは、枯れてまだあまり時間の経たない微妙な時期の木を好む。適切なサイクルで植生

をメモしておくんです。フィールドノートを2年もつければ、行かなくてもどこで何が発生しているか予測がつくようになりますよ」とのことである。ストイックだ……。

※5　カミキリ屋垂涎の存在であるオオトラカミキリも、滅多に会えないもののこの山に潜んでいる。小さな虫なのに、幼虫一匹で木を一本枯らしかねないほど大きくねじれた食痕を木に残す。

の更新が進む林であることが重要だ。汗をぬぐいながらモミの木を見上げていると「来ましたよッ」と師匠の鋭い声が飛んだ。必死で場所を教わりながら目をこらすと、3メートル上に2センチくらいの物体が動いている。暗緑色の鈍い輝き。アオタマムシのメスが下りてきたのだ！

アオタマの母は、意外と早いスピードで樹皮を下ってくる。産卵場所を探しているのだ。タマムシは目がよく振動にも敏感で、危険を感じるとすぐポロリと落ちてしまうそうだが、よほど集中しているのかひたすらグルグルと樹を調べている。「ちょっと……ここちょっと産むとこと違う……」という声が聞こえてきそうだ。ツーショットが撮れるほどじっくり観察できた。

取りこみ中申し訳ないが、採らせていただくことにする。パッとつかむと「ミギャーッ！何すんの！（ブクブク）」と醤油状の液を出したが、「蟷螂の斧」〈※6〉ならぬ「タマムシの醤油」状態。バッタなどもくさい液を出すが、効果のほどは疑問だ。ヤマトタマムシよりひとまわり小さいその身体は、虹を煮つめたように美しい！

同じように何本かモミの木を見て回ると、計3匹のアオタマの母が採れた。「過去最大級の戦果ですよ！　条件が良くても、ダメなときはダメ。メレ山さんは引きが強いですね」と、ガイド政所さんはほっとしたご様子。こんなに虫に精通した人でも、案内は気が張るのだと気づく。

「この調子でオスも狙いましょう！」

勢いづいた我々は、別のポイントに移動した。アオタマの父は、さっきの場所で待っても金輪際現れない。ブナの樹冠で、いちばん陽射しの強い時間帯にブンブンキラキラ舞っているという。

メレ子「タマムシって、暑いのが好きなんですか？」

※6 まったく力の及ばない者がむなしく抵抗する様子を、蟷螂（とうろう＝カマキリ）が大きな車に立ち向かうところに例えたことわざ。

飼育下のアオタマムシ。虹を煮つめたような輝き

政所さん「いや、多分高温は嫌いですね。容器に入れてちょっと温度が上がると、すぐ死にます。いちばん暑い時間帯に舞っているのは、キラキラを鳥が嫌がるとか、樹冠ではかえって目立たないとか、いろんな説があるみたいですね」

虫採り網は政所さんにお任せし、わたしは高尾山名物「天狗焼」〈※7〉を頬張っていた。高尾山ビアマウントの入り口には人々が長蛇の列を作っている。なるほど、こんなにのどかな虫採りができる場所もそうないだろう。

ブナの梢では、確かにアオタマの父たちがブンブンしているが、そうと知らなければハチにしか見えない。あの光沢がかえって目立たないという説は、けっこう説得力があると思う。見物人を集めないよう、政所さんはここぞというときだけ伸縮式の網を繰りだし、3匹のオスを捕まえた。今日の採集は大成功だ。

懐の深い山

想像以上の戦果があったが、政所さんは高尾山が楽しいのはこれからだと言う。山頂に移動し、日が暮れるのを待つ。高尾山薬王院からケーブルカー駅周辺にかけて、舗装路沿いに並ぶ外灯に寄ってくる虫を灯下採集しようというのだ。

※7　天狗焼は高尾山のシンボルである烏天狗の顔をかたどった大判焼き。黒豆の餡にずっしり感があって美味しい。

ガードレールの向こうの夜景を眺めていると、手前の暗い森からガー……ガー……とくぐもった鳴き声が聞こえる。声の主はムササビだ。虫屋に限らずいろんな人が歩いている。リュックを地べたに置いていると、いつのまにかヒグラシの幼虫が登っていた。これは困った……と思いながら見ていると、後ろからカップルが「わあ、セミの羽化なんてはじめて見た」と喜んでのぞきこんでくる。夕涼みがてら夜景を見に来たそうだ。キャミソール姿の若い女の子たちが、景気づけなのか何なのか、大音量のラジカセをかついでキャッキャしながら歩いていたりもする。どうにもカオスだが、このごった煮感が山の懐の深さを表しているようで、こうしてみると悪くない。21時ごろビアガーデンが閉園し、ケーブルカーの最終便が出てしまうと、残っているのは虫屋ばかり。虫採り網と虫かごを持った親子連れ、クワガタ狙いだという2人連れの男子学生、鋭い目で梢をチェックする一人歩きの男性は本気度が高い。シーズン中は虫屋が毎晩いて、ほとんどの人がオールナイトらしい。仮眠を取ったり、情報交換しながら歩くのだという。

わたしたちは終電に合わせて下山した。夜の虫の出は期待したほどではなかったが、先の一人歩きの虫屋さんが「僕はこのサイズのはいらないんで、よかったらどうぞ」と、本気度の高いコメントとともにミヤマクワガタをくれた。

ケーブルカー駅より下の登山道にはいっさい灯りがないので、懐中電灯なしでは下れない。帰り道、政所さんが「虫屋にはね、首吊りとか見ちゃう人もけっこういますよ」ととんでもない話をするので、わたしは絶対に森に懐中電灯を向けないようにして歩いた。

政所さん「あれ？　メレ子さんはこわい話とか苦手なほうですか？」

メレ子「ほうですよ!!　平気そうに見えますか!!」

約12時間虫案内をしてくれた恩人に対して、恐怖のあまりキレるわたしだった……。

でもやっぱり見たい、ヤマトタマムシ

連れ帰ったアオタマムシを、ケースにモミの樹皮を敷き、エノキの葉を与えて飼いはじめた。落ち着いて見ると、本当に愛らしい。虫屋たちにも羨ましがられ、わたしはすっかり満足した。が、人の欲望は恐ろしい。「タマムシと言えば、やはりヤマトタマムシでは？　見ないままこの夏を終えてしまっていいのか？」という気持ちが、ムクムクと立ちこめてきた。政所さんも政所さんで、「ヤマトタマムシを採れなかったのは残念ですね。都内の某神社に、いい土場（貯木場）があるんですよ」などと発破をかけるのである。一も二もなく、現場に急行した。

ヤマトタマムシは、切った丸太が一時的に置いてある場所があれば、アオタマムシよりずっと簡単に見られるという。ケヤキやエノキなど、幼虫のエサとなる広葉樹の伐採木にメスが産卵のため飛来する。高台や林道の開けた駐車スペースのような、陽のあたる場所が理想的だそうだ。

到着して1分も経たずに、大きな緑色の虫が徘徊しているのを見たときには度肝を抜かれた。

「ヒッヒッフー」といきみながら産卵するヤマトタマムシの母

「秒速で1億円稼ぐ男」もなかなかだが、「秒速でタマムシを見つける女」にだってそう簡単になれるものではない。そう、ズルしてスポットを教えてもらわなければ……。

弾丸のようにスラリとした身体に、青緑~金緑までの光沢を映している。紅筆を走らせたような左右の翅の暗紅色が、見事すぎて気恥ずかしいくらいのアクセントだ。コガネムシやオサムシなど美しい甲虫は多いが、何よりタマムシを印象づけるのは黒い複眼だと思う。つぶらで大きくて、最高にキュート。脚も触角も、精巧な細工物のように輝いている。これに命が宿っていて、歩いたり飛んだり交尾したり産卵したりするなんて、話ができすぎているとしか言いようがない。

ぬぐい忘れた汗が目にしみて涙が出てくる。喜びの舞を舞いたいが、タマムシを驚かさないように「ホワアアアアア……」と、妙な感嘆のため息をもらしつつ凝視することしかできない。

メレ子「こ、これはもう採ってしまったほうがいいんでしょうか!?」
政所さん「いや、もし飛んでも簡単にはたき落とせますからじっくり観察しましょう」
メ「わ、わかりました……観察……観察ですね……」

高尾山で見たアオタマムシ同様、彼女もまた産卵場所を探して歩いていた。違うのは、今回は産卵管を出して歩くだけでなく、本当に産卵をはじめたことだ! 腹を切り株の切れ目に差しこみ、ときどき翅をクッと開くのは卵を送りこむためにいきんでいるらしい。数分後、彼女が切れ目を離れたあとには泡のようなものに包まれた卵が残っていた。

タマムシと「女子の幸せ」

さて、今回のタマムシ採集経験に鑑みるに、タマムシを女子のお守りとするのは「きわめて不適当」と判断せざるを得ない。

タマムシで人間に捕まりやすいのは、圧倒的にメス〈※8〉だ。子供を産むために危険な下界に下りたち、まんまと捕まる。タマムシのいちばんの天敵は寄生蜂や鳥などで、人間の採集者が占める割合は少ないかもしれないが……、人間がタマムシを「女子の幸せ」のシンボルとするのはどうにも傲慢な気がする。

ちなみに江戸時代の百科事典「和漢三才図会」にはタマムシの項があり、「オスは美しいが、メスは黒く数が少ない」と書かれている。これは、別種のウバタマムシをヤマトタマムシのメスと間違えているのである。地味な子扱いされたり安く見られたり、メスの扱いは散々ではないか。むしろ「女の災い」のシンボルとすべきでは、と提唱したくなる。

ただし、わたし自身はたとえ貧乏や失恋がこの身に降りかかろうとも、タマムシのせいにはせず大事に飼う。寿命で死んだら標本にするつもりだ。ずっと色あせることのない構造色は、子供のころからずっと憧れてきた夏を象徴する輝きだからである。

※8 捕獲の難易度の差から、一般的にタマムシの標本は、メスのほうが少しだけお求めやすい価格になっている。

ヤマトタマムシを逃がすまいと押さえると、ひっくり返って死んだふり。だが、こちらは腹部にまでわたる金属光沢に感嘆するだけだ。「ほら、翅に隠れてましたが横腹の気門で呼吸するんですよ。外敵から身を守るために、翅はピッチリ閉じるようになってますね」標本作りで昆虫の体の構造を知悉している政所さんは構わずタマムシの翅を押しひろげ、死んだふりをしたタマムシも「今のなーし!!」と生き返らざるを得なかった

〔7〕

ダンゴムシ

はじめての虫のお友達

団子虫

等脚目（ワラジムシ目）に属する「昆虫ではない虫」。7対14本の歩脚で器用に動きまわり、落ち葉や動物の死骸を食べて土に返す分解者としての役割を果たす。刺激を受けると丸くなって身を守ることから、ダンゴムシの名がついた。

ふき溜まり
［木彫刻／銀杏の木に彩色］
本多絵美子 Emiko Honda

子供とダンゴムシ

２０１２年の夏、虫好きの園長先生がいる保育園を見学させていただいた。東京都国立市にある「国立あゆみ保育園」には、当時の園長だった佐伯元行さん〈※1〉によって建てられた、チョウとその食草が育つ小さな温室があり、廊下の水槽ではゲンゴロウや川魚が泳いでいる。園のすぐ近くには名水の評判高い「ママ下湧水」があり、散歩にも恵まれた環境だ。園庭の温室にはニジイロクワガタやヘラクレスオオカブトなどのいわゆる花形昆虫もいて、年長さんたちが交代で世話をしている。しかし、子供たちにいちばん愛されていたのは意外にも、教室で飼われているアリとダンゴムシだった。

カブトやクワガタを持つのはおっかなびっくりだった子供たちが、アリやダンゴムシを前にするとのびのびと動き出す。先を争ってわたしに虫の説明をしようとする姿はとても誇らしげだった〈※2〉。

どんなに虫に恵まれた環境でも、子供がいちばん好むのはどこにでもいるダンゴムシだというのが面白い。わたしのまわりの小さい子供を持つお母さんたちに聞いてみると、「最近はバケツをダンゴムシでいっぱいにしないと納得しなくて……」「洗濯する前に、子のポケットをひっくり返すのが怖い。ダンゴムシか、蚊取り線香状に丸まって干からびたミミズのどちらかが高い確

※1　佐伯さんは２０１３年４月より、あゆみ保育園の近くに建った姉妹園「国立あおいとり保育園」園長をされている。

※2　このときの訪問記は、ブログの「昆虫英才教育がすごい！　夢の保育園を見学した」という記事に詳しく書いた。
d.hatena.ne.jp/mereco/20121008/p1

率で入っているから……」と、子の成長と共にダンゴムシに向き合うことを余儀なくされ、戦々恐々としているらしい。

そういえばわたしも子供のころ、最初に親しくなった虫はダンゴムシだった。最高にどんくさい子供だったので、虫といえど遊べる種類は限られていた。親にセミを採ってもらってはすさまじい鳴き声に驚いて自分も泣き、大きなオニヤンマを持たされては咬まれて泣いた。虫に限らず、世界は恐ろしいものでいっぱいだった。大人になれば、虫よりよほど恐ろしいものがたくさんあることをあのころ知っていたら、どんな手を使っても母の胎内に戻ろうと企んでいただろう。

その点、ダンゴムシなら大丈夫。鳴かず刺さず咬まず、どこでも見つかる。動きも鈍くて愛らしい。危険を感じたときに彼らがやることといえば、身を丸めることだけなのである。ダンゴムシを集めてきて延々と丸めるのが、幼いわたしの日課となった。

ダンゴムシのお味と、迷路実験

ダンゴムシは昆虫ではなく、等脚目（ワラジムシ目）に属する。

甲殻類の仲間で、毒などを持っていないダンゴムシは、災害時の非常食として利用で

ダンゴムシの生態について学ぶ国立あゆみ保育園の園児たち

きる。加熱するとポップコーンのように弾ける。弾けきると食べごろである。

とWikipediaの「ダンゴムシ」の項には書いてあり、実際に食べてみたというレポートもインターネットで読むことができる。彼らは落ち葉などを食べて土を作る分解者なので、美味とは言えないそうだが……。しかし、昆虫類をモリモリ食べている人たち〈※3〉にも会ったことがあるわたしには「甲殻類なので（食べられる）」という分類はあまり意味がないもののようにも感じられる。

ダンゴムシが本当にダンゴのように美味しければ、大人になってもご縁があったかもしれない。しかし、あんなに（一方的に）仲良しだったのに、今や彼らとはずいぶんご無沙汰だ。

Wikipediaはダンゴムシの味のほかに、もうひとつ面白いことを教えてくれた。「ダンゴムシと迷路」についてだ。

ダンゴムシは障害物にぶつかると右、次にぶつかると左、と交互に曲がりながら進む習性がある（交替性転向反応という）。そのように進めば出られる迷路にダンゴムシを入れると、ダンゴムシが一発で迷路を解いたように見えるというのである。

そういえばちょっと前にそんなニュースを見たような……。と検索すると、2013年5月に福岡の女子中学生2人が交替性転向反応の綿密な実証実験を行い、研究成果を日本土壌生物学会で発表したことが話題になっていた。交替性転向反応については昔から広く知られているが、きちんとした実証は行われていなかったのだという。

石の下でウゴウゴしているだけに見えた彼らが、そんな規則的な行動をしていたとはにわかに

※3 昆虫食な人々については、セミの章・バッタの章などを参照。

信じがたい。わたしも自分の目でたしかめてみることにした。

ふたたび出会うダンゴムシ

ある夜、会社から帰ってきたわたしはダンゴムシ採集のため、タッパーとスコップを持って外に出た。ダンゴムシと疎遠になって、かれこれ25年ほどの月日が経つ。すぐに採集できるかちょっと心配だったが、住んでいるアパートの共用部分の植えこみで探してみることにした。

地面に積もったサクラの葉っぱを裏返すと、水銀灯の明かりに反射したダンゴムシの背中がテカッと光る。落ち葉ごとタッパーに放りこみつつ探すと10分で5匹ほどがすぐに集まって、わたしはおおいに気をよくした。しかし集まってきたのはダンゴムシだけではなかったようで、20匹ほどのカにおもに足首をボコボコにされてしまったのだが。

「か、かわええ……」

部屋に戻りしげしげと眺めてみると、思わずそう声が出た。

ダンゴムシといえばみんな、ねずみ色の変哲のない姿かと思っていたが、こうして見てみるとけっこう個体差がある。いちばん大きな1センチを超える個体には白いまだら模様が入っていて、なかなかの迫力。触角をフリフリと動かしながら、7対14本の脚でモゾモゾと歩いている。丸い

ダンゴムシのように丸まっているが、これはマダガスカル産の巨大なタマヤスデ（通称：メガボール）。メガボールも交替性転向反応をするのか確かめてみたい気持ちはあるが、ずいぶんでかい迷路が必要になりそうだ

頭の横に離れてついた眼も、正面から見ると逆三角形の怒り目に見えてご愛嬌だ。

日本には150種類以上のダンゴムシがいるそうだが、実はダンゴムシの仲間の研究はあまり進んでおらず、ゆくゆくはその倍以上が種として記載されることになるのではとも言われている。その中で都会でも見つけられるもっともポピュラーなダンゴムシが、実質ダンゴムシの代名詞となっているオカダンゴムシだ。

落ち葉の上から霧吹きをして、ニンジンやナスなどを切って小皿に入れて与える。それにしても、かわいいが知的には見えないというのが正直な感想だ。本当に迷路を突き進むかっこいい姿が見られるのだろうか？

ダンゴ・ラビリンス

主役がそろったところで、ダンゴムシが入る迷路を作ろう。

ここで注意しないといけないのは、ダンゴムシが迷路を「解いて」いるわけではないことである。ただ複雑な迷路ではなく、ダンゴムシがその習性に従って交互に進むだけで脱出可能な、壮大なヤラセ迷路にしてやる必要があるのだ。

方眼紙に迷路の設計図を書きはじめたが、なかなかうまく書けない。泣いて親にすがればよかった夏休みの自由研究がなつかしい……と思ったが、よく考えたら小学校の自由研究は親の日ごろ眠っているクリエイター魂に火をつけてしまい、指示に沿った作品がうまくできず余計に泣かされることも多かった。答えが決まっている問題集しか解かない通常授業よりも、自由研究に図画工作、読書感想文といった創作度の高い課題が多い夏休みのほうがよほど面倒だ。そもそも長い休みを与えておきながら、無限に時間を食う宿題をわんさか出すとはどれだけ陰湿なのだろう。自由研究というのは、やるかどうかも含めて自由だから楽しいのだ。そう、今やっているように……。

さて、小器用に育ってしまった大人の味方が検索エンジンである。「ダンゴムシ　迷路」で検索すると、ダンゴムシが解ける迷路の設計図がいくつか出てきた。よしよし、工作がメインの目的ではないのだからもうこれをお手本にしよう、集合知よありがとうと作りはじめたのだが、方眼の数え間違いが多発。最終的にオリジナリティで帳尻を合わせなければいけなくなった。

なんの因果で、こんなに不器用に生まれてしまったのだろう？　実は前世は仏像などのものすごい名工だったのが、自分の腕に驕ったために今生で罰を与えられている可能性も否定できない。

方眼紙に厚紙を立てて作った迷路は、ところどころで接着ボンドが盛り上がり、設計ミスであわてて剝がしたため紙がめくれている場所などもあるが、とにかく迷路らしき形にはなった。少なくとも、自分がダンゴムシの大きさになってここに入れられたら、最短距離では出られないと思う。すでにダンゴムシに負けている。

さらに迷路とは直接関係ないが、ゴールにごほうびが置いてあると楽しいと思ってよけいなものを作った。ダンゴムシの好物である落ち葉をまぶして、花や草の実をのせたケーキである。こうして書くとダンゴムシの好きなオーガニック素材のみで構成されているように見えなくもないが、実際には土台の消しゴムにベタベタにまぶしたボンド臭でむせ返りそうである。

すでにダンゴムシの捕獲・迷路とケーキの作成に、会社員の貴重なすきま時間が一両日分ほど投じられている。ここまでやって、ダンゴムシがうまいこと迷路を解かなかったら悲しすぎる。祈るような気持ちで、ダンゴムシを迷路の入り口に置いた。

しばらく迷っているように見えたダンゴムシは、やがて意を決したかのように迷路を進みはじめた。曲がり角に行き当たると触角で壁を必死に探り、やがて向きを変える。ゆっくりながら、たしかに右→左→右→左と進んでいる！　こうして動きの規則性を見ていると、なんだか知性の光すら感じられてしまう。もちろんこれは彼らの本能であって、個体の学習による成果ではないので、いわゆる人間の知性とはずいぶん違うメカニズムなのだろうが……。

複数の個体で、何度か迷路実験をくり返してみた。曲がり角で迷ったあげく、別の方向に迷いこんでしまうものもいれば、壁を登って三次元的解決をはかるものもいたが、基本的には交互に曲がって進んでいることが確認できた。ちなみにごほうびの落ち葉ケーキは、「なんか白くて不安なところから出てきたら隠れやすそうなところがあった」という印象を持たれたようで、後ろに隠れるという一点においてのみ人気を博していた。

「ダンゴ・ラビリンス」の入り口に立つダンゴムシ。ちなみに菌類の仲間である粘菌（変形菌）も迷路を解くことで知られているが、交替性転向反応とは関係なく、アメーバ状の体で最も効率よくエサにたどりつくために移動する習性を利用したもの。粘菌は迷路の中で途方に暮れると胞子体を作り、新天地を求めて旅立ってしまうという

ジグザグの理由～遠くに行きたい

実は交替性転向反応はオカダンゴムシだけに見られる反応ではなく、昆虫をはじめ鳥や魚、ひいては哺乳類の中にもこの習性を持つものがいるという。なぜダンゴムシはジグザグに進むのかについては、複数の説が唱えられている。

開けた場所より奥まった場所のほうが敵に見つかる可能性が低いために壁伝いに移動したがる「正の走触性」説や、左右の脚を交互に使うことで身体にかかる負担を減らしているという説もある。その中でも近年有力なのは、「より遠くに、効率的に移動するため」というものだ。ダンゴムシが自然に迷路に迷いこんだ場合と、危険を感じさせ身を丸めさせたうえで迷路に入れた場合とでは、後者のほうがより左右の転向を正確に行うという実験結果もある〈※4〉。

人間でも、山の中などで迷っていたら思わず知らず元の場所に戻ってきてしまっていたという話はよく聞くが、それが捕食者などの危険から逃れようとしている状況下だったら絶望的なホラーだ。進化の過程で「丸まり」という鉄のディフェンスをとった結果として速さを失ったダンゴムシにとって、効率的に遠くに行ける移動法は生きる知恵なのかもしれない。

※4　日本応用動物昆虫学会のコラム「むしコラ」2007年5月10日掲載【ダンゴムシはジグザグが好き！】などを参考にさせていただいた。
column.odokon.org/archives/2007/0510_124000.php

家庭の黒船・ダンゴムシ

2013年8月、ホットなダンゴムシ本が出た。奥山風太郎さんとイラストレーターのみのじさんによる『ダンゴムシの本　まるまる一冊だんごむしガイド』（DU BOOKS）だ。愛らしい写真で、日本に住む多彩なダンゴムシたちや、広い意味でダンゴムシの仲間といえるワラジムシ・フナムシ・深海に住む巨大なオオグソクムシ〈※5〉を紹介し、ダンゴムシの採集法や飼い方までまとめた自由で丁寧な本である。

ダンゴムシの大きさと年齢の関係についても書いてあって、興味深い。前出の1センチ超えのダンゴムシは、この本によれば3才以上と推定され、なんとなく彼らの寿命は1年くらいだろうと思いこんでいたことに気がついた。つまり、自分が小さいころに遊んでいたダンゴムシの中には同い年の子もいたかもしれないということだ。それがわかっていたら、いっそう親しみが増したかも（まあ、ダンゴムシにとっては親しみを持たれてもまったくうれしくないと思うが……）。

しかし、本を読んでいちばん驚いたのが、実はいま子供たちに愛されているオカダンゴムシが外来種だという事実だ。明治以降に、船で地中海からやってきたというのが定説らしい。日本にも森や山にダンゴムシの仲間は住んでいたが、住宅地などに住むには乾燥に弱かった。より乾燥に強いオカダンゴムシは瞬く間に生息域を広げていったのだ。

※5 グソクムシは海生の甲殻類の仲間で、日本最大種のオオグソクムシは体長15センチ、メキシコ湾などに住むダイオウグソクムシは最大50センチにもなる。

深海底に沈んできたクジラなどの死肉を食べる掃除屋だと言われるが、身体の大きさに比して小食なことでも知られている。2009年1月からいっさいエサを食べていないことで徐々に知名度を上げた鳥羽水族館のダイオウグソクムシ「No.1（愛称：1号たん）」は、2014年2月14日に死亡が確認された。なんと丸5年以上、何も食べずに生きながらえたことになる。

外来種問題となると素直に喜んではいけない気もするが、在来種を圧迫するのではなく、移住先でニッチ市場を開拓したという感じだろうか。丸まることしかできないと見せかけて、小さな身体には乾燥に耐える力、遠くに逃げる知恵などのさまざまな武器が搭載されていた。

そして、新天地で人間の子供たちの心にまで入りこんでいるのだからもはやあっぱれだ。ダンゴムシは、今も子供たちのポケットから登場しては、虫から離れて久しい世の親御さんの心胆を寒からしめている愉快な黒船なのである。

〔8〕

トンボ

水辺の恋のから騒ぎ

蜻蛉

トンボ目（蜻蛉目）。腹部は細長い棒状で、よく発達した複眼と4枚の翅を持つ。優れた飛行能力を持ち、飛んでいる小昆虫を空中で捕らえる。幼虫は水生だが、成虫とはまったく異なる姿で「ヤゴ」と呼ばれ、下顎を瞬時に伸ばして獲物を捕食する。

とんぼのハネピアス
〔真鍮〕
佐々木ひとみ Hitomi Sasaki

退却の勝ち虫

タマムシやコガネムシの輝きは、死んだあとも標本に留めておける。しかし、トンボの美しさは基本的に生きているときだけのものだ。アセトンをはじめとしたいろんな薬品を使って、標本に色素を固定する試みがなされているが、死んだトンボからは魂といっしょに色も抜け去ってしまう。野原や川辺で生きているトンボをじっくりと見れば、大きな複眼や胴の色鮮やかさに「こんなきれいな生きものだったのか！」と、あらためて驚くだろう。

標本は見て楽しむだけのものではないので、色を留めておけなくても重要さに変わりないが、トンボの色を永遠に残す方法として、写真はとても大事だ。わたしは自然写真家や虫屋の撮った写真をたくさん見るようになって、単なるスナップではない虫の生態写真において大切とされることを学んだ。生きものの目にピントが合っているのは基本だが、種の同定に必要な情報がピンぼけでは様にならない。交尾や飛行や捕食など、その虫ならではの瞬間を押さえていると最高だし、里山や湿地など、被写体が暮らす環境がわかる背景までとらえられていればなお素晴らしい。虫知識と撮影技術と運の三位一体が写りこんだ1枚、それが至高の虫写真〈※1〉なのだ。

2012年の夏、神奈川県の入生田（いりうだ）にある神奈川県立生命の星・地球博物館で「大空の覇者

※1 とはいえ、ある動物写真誌の編集経験者によれば「1枚の写真の情報量をここまで重視するのは日本だけ」とのことだった。虫の色形のみを美しく撮ることにより重点が置かれる国もあるのかもしれない。わたしには、日本の「虫の世界そのもの」を写しとろうという気概を感じるトレンドは好ましいのだが、かといって自分の知識やテクニックはほど遠い状態だ。

大トンボ展」という企画展示が行われた。大（おお）トンボ展ではなくて大（だい）トンボ展である。のこのこ遊びに行ったわたしを案内してくださったのは、企画者の一人でトンボをメインに撮影されている湘南在住の昆虫写真家・尾園暁（おそのあきら）さんだ。

展示室には世界各地のトンボの標本をはじめ、トンボにまつわるあらゆる風物が集められている。その中でも、トンボをあしらった武具や馬具が気になった。トンボは勝利のラッキーチャーム「勝ち虫」として、武将たちに愛された。トンボが後ろに飛べないことから、決して退かない勇猛さのシンボルにされたというのだ。

メレ子「あの、トンボ以外にも後ずさりする虫ってあまり見たことない気がします」

尾園さん「そうなんだよね。っていうかトンボ、後ろに飛べる〈※2〉んだよね……」

メ「な、なんと……」

トンボに抱いていた「退かぬ！　媚びぬ！　省みぬ！」〈※3〉のイメージがあっけなく崩壊し、呆然とするわたし。トンボは「勝ち虫」ではなかったのか。

だがトンボの飛翔能力は、昆虫どころかあらゆる飛行能力を有する生きものの中でもかなり高い。高速飛翔はもちろん、高速移動からいきなり空中で停止してのホバリングや、急な方向転換も得意とする。4枚の翅にべつべつの筋肉が割りふられていて複雑な動きができ、極限まで軽量化した身体のほとんどを筋肉と発達した眼が占めている。

飛びながらハエやカを捕らえることができるトンボは、無骨な武将というより鍛えぬかれた身

※2 尾園さんは、小さなイトトンボがアブラムシを狩るときや、ヤンマの仲間がクモを捕まえるときにバック飛行しているのをよく見かけるという。
中南米に生息する、翅を広げると19センチにもなるハビロイトトンボは、多くの虫にとって脅威になるはずのクモの巣に突撃する。まずバックしてからドーンとクモに体当たりし、クモを捕まえるとまたバックして、足をもいだクモをゆっくり食べるそうだ。このやりかたなら、クモの網にかからずに食事ができる。

※3 漫画『北斗の拳』に登場する聖帝サウザーが、主人公ケンシロウに追い詰められて最後の猛攻をかける際に叫んだセリフ。この後ケンシロウに苦痛のない有情拳で致命傷を与えられる。

ステンドグラスのように美しい翅を持つハナダカトンボの仲間（タイのゲーン・カチャン国立公園で）。ハナダカの名は、顎の一部が鼻のように突き出ていることに由来する

体とテクニックを持ったハンターなのだ。たしかに「後ろに退がれない」よりも、「快進撃しているので結果として退却する必要がない」のほうが実際には強そうだ。背水の陣がかっこいいという美学は、個人的には理解しにくいものがある。

しかし、わたしから見て「退かぬ！ 媚びぬ！ 省みぬ！」をトンボより体現していると思われるのは、国蝶オオムラサキだ。こちらも筋肉の強いチョウだがそれ以上に気が強く、なんと縄張りを侵したツバメに猛攻をかけていた。ツバメも驚いたのか、あわてて逃げ出したのを見て「うーん、気迫って大事だなあ……」と思ったものだ。

撮影会で見たトンボ地獄

大トンボ展のサブイベントとして尾園さんが講師を務める「トンボ撮影会」が行われるというので、前のめりで参加させてもらった。場所は某企業の工場敷地内にあるビオトープで、学芸員の方々も造設にかかわったそうだ。

黄色の胴とひょうきんな黄緑の眼をもつキイトトンボに、藍色に輝く翅のチョウトンボ。池の上でホバリングをくり返すギンヤンマは、7センチほどもある大型のトンボだ。あまりに素早いので撮影をあきらめていたら、学芸員の方が捕獲したオスを見せてくれた。薄緑色の眼や胸と褐色の胴のあいだに入った水色のハイライトがとても上品で、いっぺんにファンになってしまった。

尾園さんは池のまわりに張りこむ参加者たちに「このトンボは縄張り意識がとても強いので、何度も同じところに戻ってきますよ」などとアドバイスしてくれるのだが、トンボの生き生きした姿にあらためて感動しつつも、尾園さんのようには写しとれない。

メレ子「先生、飛んでいるところを撮りたいです！」

尾園さん「飛翔写真はね～、もう慣れるしかないです。カメラをAF＋MFにして、水辺の草などにピンを合わせて、トンボがフレームインしたら撮る。でもピントが合ったように見えてからだと遅いんですね～。なので目はファインダーに合わせずに周囲を見張っていて、フレームインして次の瞬間ピントが合いそう！　と思ったらー、撮る」

メ「先生、わたしは今、水の上を歩く方法を訊いたら『右足が沈む前に左足を出すんだよ』と言われたときの顔をしています」

飛翔写真の試行錯誤をくり返していると、シオカラトンボのメスをめぐって2匹のオスが争っているのが目に入った。シオカラトンボは典型的な性的二形〈※4〉で、メスの体色は黄色、オスは青色だ。トンボは視覚がとても発達しているので、配偶者を探すときも色などの視覚情報に頼るところが大きいのである。見回せば、トンボのメスたちはみんなひっきりなしにオスに追いかけ回され、葉っぱに止まってゆっくりする暇もないようだ。いわゆるＭＭＫ〈※5〉状態だが、まったく羨ましくない。

※4　性的二形とは、性別によって生殖器以外にも体格や体色など、体の構造が異なることをいう。オスが派手でメスが地味なクジャクや、メスが大きくてオスが小さいコガネグモなども性的二形である。

「あっ、あれは!?」尾園さんの表情が変わり、パシャパシャと写真を撮りはじめた。レンズの先には、つながって交尾しているシオカラトンボが……しかし、どこかおかしい。上にいるトンボも下にいるトンボも青色なのだ。

メレ子「オス同士が交尾してるんですか?」

尾園さん「いえ、あれは……『♂型♀(おすがためす)』です!!」

メ「お……お……♂型♀!!!!! ……すみません、♂型♀ってなんですか?」

♂型♀とは、メスなのにオスの体色などの特徴をもつ個体のこと。なぜこのような個体が出てくるのかはっきりとはわかっていないが、産卵の際のオスの干渉を避けるためにオスに擬態しているという説が有力だ。オスに擬態すると交尾もできなくなってしまうのでは? オスは色以外でもメスを識別している〈※6〉のだろうか。

「もうこの池で撮るべきものは撮りつくしたと思ってたのに……本気のカメラ、車に置いてきちゃったよ」とくやしがる尾園さんの前で、青色のカップルは交尾の連結を解いた。オス型メス子はそのまま湖面を覆うヒシの葉の上に移動し、産卵をはじめる。

すると、第2の事件が起きた。オス型メス子が、おしりを水につけたままジタバタともがきはじめたのだ。

メレ子「ずいぶん激しく躍りながら卵を産むんですね〜」

※5 「モテてモテて困る」、略してMMK。昭和の流行語かと思っていたが、実は旧海軍で使われていた俗語だという。凜々しい軍服姿の水兵さんは、実際に女性にとてもモテたらしい。

※6 尾園さんによれば「体型で見分けていると言われています」とのこと。

尾園さん「いや、なんかに下からかじられてるっぽいな……ゲンゴロウかな？」

「頭の形からすると、ヤンマ系のヤゴかもしれませんね。ギンヤンマかも」とコメントしたのは、撮影会の参加者の一人、水生昆虫屋の平澤桂さん〈※7〉だ。

メ「頭の形でわかるのもすごい……って、えっ！　トンボがヤゴに捕まった？」

トンボの幼虫であるヤゴは水中で暮らすが、親同様に獰猛な肉食昆虫だ。畳んだ下顎をカメレオンの舌のように、すごいスピードで伸ばして獲物を捕らえる様子は、映画『エイリアン』のキャラクターデザインにインスピレーションを与えたという。しかし種が違うとはいえ、子が親を喰らう様子は見ていてあまり気分がよろしくない。

ほかの参加者も集まってきて池のはじでワーワー騒いでいると、さらにそこに第三の災厄・ギンヤンマの親がブーンと飛んできた。

ギンヤンマ（親）「んん？　これは食べられるかな？」

オス型メス子「いやああああああ」

ギンヤンマ（子）「父ちゃん！　ジャマしないでくれよ！」

メレ子「こ、これは……親子丼ならぬ〝親子で食べる丼〟！」

※7　水生昆虫の中でもゲンゴロウをこよなく愛する平澤さんについては、ゲンゴロウの章（P163）を参照。

最終的にオス型メス子は博物館の人によってサンプルとしてネットに回収されたが、おしりにはヤゴのかじり痕がしっかりとついていた。求愛に耐えかねて男装してみたり、それでもヤゴに水中から襲われたり……トンボ業界の厳しい状況を目の当たりにし、「好きな昆虫ランキング」では大幅に躍進したものの、「生まれ変わりたい昆虫ランキング」では地を這う結果となった。

冬虫夏草とトンボの恋

その翌年の2013年7月下旬、平澤さんのご紹介で、福島県の冬虫夏草〈※8〉調査に同行させてもらえることになった。虫ではなく虫を殺すキノコの調査だが、調査地が奥会津・只見町（ただみまち）のブナ林とあれば、いろんな虫にも会えるに違いない。尾園さんも同行することになったが、尾園さんのお目当てはやはりトンボ。調査地にある池に、アマゴイルリトンボ〈※9〉という珍しいイトトンボが生息しているという。

その池自体はそんなに大きくはなかったが、生きものの気配でいっぱいだった。浅い泥の上をゆるゆると動きまわる無数のオタマジャクシやアカハライモリ、金色の目を細めて草の上でまどろむモリアオガエル。アマゴイルリトンボもすぐに見つかった。オスは目のさめるような濃い青色の眼と胴体、メスは薄水色の眼に黄色の胴体だ。イトトンボの仲間は、眼が飛び出た顔がまさに「トンボ眼鏡」のようで愛嬌があり、細い体つきが可憐でかわいらしい。

※8　冬虫夏草は、虫を殺してその身体を養分として育つ菌類の仲間。中国では、チベットの高地に産するコウモリガの幼虫につく冬虫夏草を漢方薬として珍重してきた。福島県国見町の中華料理店・桜華楼では、冬虫夏草をトッピングした「冬虫夏草ラーメン」が人気メニューになっている。

※9　「雨乞い瑠璃蜻蛉」の名前の響きも美しいが、雨乞池というところで報告されたのでこのような名前になったという。

「交尾と産卵シーンを完全に押さえたいんだけど、あんまり連結してないな〜」尾園さんはそう言いながら、少し離れた別の池に平澤さんと共に移動していった。わたしはなんとなくその辺をうろうろしていたのだが、ふと近くの桑にいたキボシカミキリにちょっかいを出そうとして固まった。桑の枝に、アマゴイルリトンボのオスとメスがつかまって交尾していたのだ。

トンボの交尾を見るたびに思いだすのが、青空大地さんの描いた漫画『昆虫探偵ヨシダヨシミ』（講談社）だ。ドリトル先生のようにあらゆる動物の言葉がわかる探偵・ヨシダヨシミは、インコのピータンと調査犬ムギ（通常の犬の知能が人間の3歳児ほどなのに、なんと小学3年生程度の知能を有する天才犬）と共に昆虫をクライアントとする探偵事務所をかまえ、日々カブトムシの浮気調査などに従事している。ある日、ヨシミはトンボのメスがオスに捨てられたのを悲しんでクモの巣に身投げしようとするのを止めたことから、トンボのお腹の子の父親になってしまうのだった。

トンボのオスは腹端から出る精子を腹部近くにある貯精嚢（ちょせいのう）に移した上で、しっぽにある突起でメスの首根っこをつかむ。メスは腹部を持ち上げ、貯精嚢に貯められた精子を受け取る。トンボの交尾は、メスの頭部を中心としたハート型の環になるのだ。

戻ってきた尾園さんに知らせて、めでたく交尾写真を撮っていただくことができた。せっかくの調査なので、冬虫夏草も見つけたくなり、池を離れてブナ林の奥に入る一行についていく。

ブナ林は見上げれば木漏れ日の緑が美しく、足元に目をやればしっとりと湿った林床が苔や変形菌〈※10〉でにぎわっている。冬虫夏草のプロたちに「目が慣れればたくさん見つかるようになるから、ここではこの白いのを探してみて」と見本を見せてもらい、いくつかのマユダマヤド

※10 変形菌、別名粘菌ともいう。変形菌も菌類に含まれるが、アメーバのように移動してエサを摂る変形体と、地面に定着して胞子を拡散する子実体というふたつの相反する状態を行き来する不思議な生物だ。興味をもたれた方には、川上新一さんの『変形菌ずかん』（平凡社）をおすすめしたい。写真はきのこ写真の第一人者・伊沢正名さんによるもので、眺めるだけで陶然となる微小な世界が広がる（なお、伊沢さんは現在、「野糞」を通して人と食物連鎖について考える「糞土師」として精力的に活動されている）。

奥会津のブナの沢にて、ブナの倒木の上で冬虫夏草の戦果を披露する人々。わたしはハエのウジの冬虫夏草しか見つけられなかったが、みんなは２日間の日程の中でカメムシやクモ、ハチにつく冬虫夏草を次々と発見していた。せせらぎを登るあいだに、緑の金属光沢のある胴と彫刻のような茶色い翅をもつミヤマカワトンボにも会うことができた

リバエタケを見つけた。体長5ミリに満たないハエの幼虫（ウジ）の体から、白くみずみずしい茎がいくつか伸び、その先端にはストローマと呼ばれるたんぽ状の丸いものがついている。キノコの胞子が蓄えられている部分だ。冬虫夏草というとセミの幼虫から出るセミタケなど、もっと大きなものをイメージしていたが、こんな小さな虫から出るキノコがあるのか！

昼食にトンボ池のほとりに戻ってくると、尾園さんが池に胸までつかっている。何事かと思ったら、アマゴイルリトンボの産卵を撮るためにウェーダー（胴長）を履いて池に入っていたのだった。プロの装備、いいなあ……と指をくわえながら、池のまわりをうろちょろするわたし。

草のすき間から水面をすかし見ると、アマゴイルリトンボのつがいがたしかに産卵にいそしんでいる。シオカラトンボは産卵時には連結を解き、メスが一匹で卵を産んでいたが、アマゴイルリトンボのオスは産卵にも立ち会うようだ。とはいえ、オスが何をしているかというと……。

メス「ヒッヒッフー」
オス「よーし！　がんばれがんばれ！　見てるからしっかりがんばれ！」

メスを励まし続けている（これはわたしの幻聴だが）オスは、メスの首根っこの上にまっすぐにつっ立っているのである。産卵も重労働なのに、頭の上に夫が乗っていて大丈夫なのだろうか。

メレ子「うーむ……これは『俺も家事はしっかりやるよ』と言いつつ洗ったお皿が油っぽいいままのお父さんパターンなのかしら」

尾園さん「いやいや、ちゃんと役に立ってますよ！　ほかのオスがやってきてメスの産卵をじゃましないように、メスの上で見張っているんです。捕食者がやってきてオスを食べちゃって、頭がなくなったオスの下でメスが産卵を続けてたのを見たこともありますよ」

メ「ええっ！　かっこいい……」

役立たず扱いしてしまって、まことに申し訳ない……。

トンボの仲間の産卵形態はとても多様だ。単独産卵の中でも水面や水草に卵を産むものもいれば、卵を池の上空で腹端からばらまくものもいる。ミヤマカワトンボのメスは、なんと水の中に完全に潜り、水中の植物などに卵を産みつける。産卵は1時間近くかかることもあるが、メスは細かい胸毛にたまった空気で呼吸するのだという。ちなみに潜水産卵を撮影する場合、ウェーダーでは太刀打ちできないので、尾園さんもウェットスーツを着て渓流に身を沈める。トンボもがんばるが、トンボ写真家もだいぶがんばっている。

今までそんなに親しみを感じてこなかったトンボだが、夏の水辺でちょっと目をこらしてみれば、生きているときだけの体色の美しさや飛び方の妙、オスとメスの情感のこもった動きに、意外なほど愛着が湧いてきた。「勝つ虫」だろうが「負け虫」だろうが、「好き虫」であれば十分だ。次の夏のフィールドでは、彼らがかっこよく飛んだり恋をしたりしている瞬間を、もっと素敵に写真に残せるようにがんばってみたい。たとえそれが、右足が沈む前に左足を出すくらいの難易度だったとしても、沈んだ先にもまた面白い虫が待っているかもしれないし。

水中に産卵するアマゴイルリトンボのメスと、その上で直立して警護するオス。オスの必死な表情が撮れたのはよかったが、メスにピントが合っていないのが残念である。尾園さんは、これを横から撮ってオス・メスどちらの姿もきちんととらえるために、わざわざ池に入っていたわけですね

〔9〕

ガ

灯の下の貴婦人

ヨナグニサンの首飾り
〔ビーズ／ガラス、山珊瑚〕
こざいく堂 Kozaiku-do

蛾

チョウと共にチョウ目（鱗翅目）に属する。夜行性の種が多いが、チョウと分類上明確な区別はない。成虫はストロー状の口吻を持つが、口が退化して何も食べない種もいる。サナギになる前に糸を吐いて繭を作るものが多く、一部は人に利用される。

チョウとガのあいだで

「メレ山さん! 一般に家族から評判が悪いことで知られる虫屋の中でも、蛾屋〈※1〉はひときわ家族のウケが悪い〈※2〉ですよ。なんでだと思います?」

いきなり不穏きわまりないクイズを出してきたのは、自然写真家の永幡さん〈※3〉だ。

メレ子「いったい何を言い出すんですか……なんで?」

永幡さん「フフフ……ふつうの虫屋は、週末に虫採りに出かけて家族をおろそかにしています。しかし蛾屋のメインフィールドは夜の山や公園。そう、蛾屋は平日の夜も家族をおろそかにするのです……」

メ(そんなこと言ったら、どんな虫の写真も撮るし研究もするし保全活動もしている永幡さんは、年中無休24時間体制で全国を飛びまわって家族をおろそかにしているのでは……)

たしかにチョウと違って、ガにはおどろおどろしいイメージがつきまとう。しかし同じ鱗翅目

※1 本書内の表記にならえば「ガ屋」と書くべきだが、「蛾屋」以外の表記を見たことがないのでここでは漢字とする。

※2 実際にはこのようなデータはございません。蛾屋のみなさんに謹んでお詫びいたします。

※3 ハチの章(P21)を参照。

の中で、チョウとガを見た目だけではっきり分けるラインは存在しない。昼行性か夜行性か。美しいか地味か。翅を広げて休むか、閉じているか。触角の形は……いずれの基準で切っても豊富な例外がある。わたしの頭の中では、ガを入れる箱とチョウを入れる箱はこんなにきっちり分かれているのに。そんな「文化的分類」を手ひどく裏切るのがシャクガモドキだ。中南米に生息し、シャクガに近い仲間だと思われていたが、現在ではセセリチョウ上科・アゲハチョウ上科と共にシャクガモドキ上科としてチョウに分類される。夜行性だし、見た目もどう見てもガ〈※4〉。視覚が理解を拒むこの感じ、心理学の実験の「ノブがついているが横に引いて開けるドア」に通じるものがある。

　長野県の飯田市美術博物館の学芸員で蛾屋の四方圭一郎（しかたけいいちろう）さんは「チョウ屋はシャクガモドキなんかをチョウに迎え入れたいなんて思っていないけれど、DNAを見ると否定できないのが本音だよ」と言う。チョウ屋と蛾屋もけっこうはっきり分かれているように見える。行動様式も全然違う。チョウ屋が虫採り網を手に草原や森を訪れるのに対し、蛾屋は街灯の下や山中のコンビニ、公園のトイレの明かりなどに引き寄せられるのだ。

　インドネシア・マレーシア・ブルネイの3国に属するボルネオ島は、昆虫や野鳥の楽園だ。ある年の8月、バーダーの父に熱帯の鳥を見せるため、父と2人の姉、そしてわたしはボルネオに行くことにした。ハイシーズンのガイド不足で、旅行社は「現地にいる日本人の生きもの専門家にガイドしてもらうのはどうでしょう」と言う。それは素敵だ！　メレ山家のみんなは勝手に「どうぶつ先生」と呼んで楽しみにしていたのだが、このどうぶつ先生がなかなかの曲者であっ

※4 これのちょうど逆で「ガだけどどこからどう見てもチョウ」なのが、マダガスカルに生息するニシキオオツバメガだ（P125の写真を参照）。昼行性のツバメガの仲間で、七色にきらめく翅はそこいらのチョウよりチョウらしい。

た。
道中ずっと「僕のフィールドなら、サイチョウがカラス並みにいるんだけどね～」と、当地ならざる素敵な場所の情報がてんこ盛り。なぜか熱帯気候の低地〈※5〉は撫でるほどしか案内されず、早々に連れて行かれたのは東南アジア最高峰・キナバル山麓の高原ロッジ。夜は震えるほどの寒さの中、バルコニーで鍋をつつきながら「旅行社の見積もりが高かったので、ホテルをグレードアップさせましたよ」と満足げなどうぶつ先生だが、それなら見積もりを下げてくれ。いっしょに標高までアップしてしまったので、鳥見も虫見も成果はいまひとつだ。先生、もしや最初からガイドにかこつけて避暑する気マンマンなのでは……わたしはありったけの衣類を着こみ、タイガービールをあおりながら不信の目を向けた。

コテージのランプのまわりで、コウモリが狂ったように羽ばたいている。と、ちらつく影が座っているわたしの近くにバタリと落ちてきた。灯に照らし出されたのは、明らかにコウモリではない赤い輝き。エキゾチックな文様と、ヘビの頭に似せたとも言われる前翅の突起。世界最大のガ・ヨナグニサン〈※6〉だった。まじまじと見たのは数秒ほどで、ヨナグニサンはバルコニーの天井に高く舞い上がってしまったのだが、その圧倒的な巨大さ、優美さ。本人は意図せず灯火に引き寄せられて惑乱しているのかもしれないが、なんて威厳に満ちた姿だろう……。

山の中のリゾートは、周囲数キロでいちばん大きな明かりだ。辺りには、寒いなりに点々と虫が落ちていた。毛の生えた生きものに目がない猫飼いの次姉は、密度の高い毛に覆われた緑色のガを見つけ「は～、マメちゃん（猫の名前）元気にしてるかな～」と言いながら撫でまわしはじめた。だいぶ酔っているらしい。たしかにフカフカモフモフしたガは正面顔も愛らしく、先

※5 コタ・キナバル郊外のポーリン温泉の近くは比較的アクセスしやすく、鳥や昆虫も多い。世界最大の花・ラフレシアを見られたのには興奮した。地元の人々は、裏山にラフレシアが咲くと道にラフレシアの絵を描いた看板を立て、観光客から見物料をとって日がな一日ビリヤードなどをして暮らしているのである。ラフレシアさえずっと咲いていてくれれば、ＱＯＬは最高なのだが。

※6 ヨナグニサン（与那国蚕）はインドから日本にかけて幅広く分布している。日本では与那国島ではじめて報告されたことから、この和名がついた。与那国島のアヤミハビル館（「アヤミハビル」はヨナグニサンの与那国方言）では、与那国島とヨナグニサンに関する展示を行っている。

ひとくちにガといっても形はさまざまな標本たち。オオシモフリスズメ（左上）、イボタガ（右上）アズサキリガ（右中）エゾヨツメ（右下）は、いずれも日本の春蛾たち。アズサキリガは、キリガ屋である四方さんイチオシのガでもある。ニシキオオツバメガ（真ん中）の横のイザベラミズアオ（左下）はスペインのガだが、切り紙細工を思わせる美しさだ

ほどのヨナグニサンとはまた違った魅力がある。わたしはクワガタに指を挟まれ「あいだだだだ!!」と騒いでいたら長姉に「とりあえず水につけたら離れるかもよ」とワイングラスを差しだされ「姉ちゃん、それはスッポンに対する対処法では……?　あだだだだだ!!　ワインが沁みるうううう」と七転八倒していて、それどころではなかったのだが。

挑戦！　ライト・トラップ

いろんなガ、特にヤママユを見に行きたいのですが、と永幡さんにお願いして紹介いただいたのが、前述した蛾屋の四方さんだった。そのときのメールのやりとりがこれだ。

永幡さん「四方さんのことはメレ山さんに、『私がロシアまで案内して38頭も採らせてやった便所色のガの標本を1頭しかよこさないケチ』と紹介しておきました。では、どうぞよろしく」

四方さん「貴重なヘテロギナをカツオブシムシのエサにする永幡さんの太っ腹さには、いつもいつも頭が上がりません。私はどうも吝嗇家(りんしょくか)のようなので、間違ってもそんなことはできそうにありません。手元に残った37頭は、大変美しい標本となっていまでも光り輝いております。まぁ、この美しさが便所色に見える方には、何を言っても無駄でしょうけど（笑）」
メレ子（この人たち、えらい仲悪そうだけど大丈夫かな……）

永幡さんは長年ロシアの沿海州（えんかいしゅう）というところに通いつづけており、学生時代からの友人だった四方さんもあるとき同行したのだという。そこで、ヘテロギナという珍しいガを山盛りに採った。永幡さんはもともとガには興味がないばかりか「便所色のガ」と罵倒するありさま。しかしニヤニヤとヘテロギナを眺める四方さんを見て物欲が刺激され、1頭だけ分けてもらったのだが、もともと愛着がないだけあって標本箱に防虫剤を入れ忘れ、虫食いにしてしまった……というのが「ケチの虫屋vsズボラ虫屋」の顚末である。

昼は安曇野市の天蚕（てんさん）〈※7〉センターなどを回り、おもに糸や布作りについて話を聞いたのだが、わたしは夜のライトトラップをとにかく楽しみにしていた。時は8月下旬、ライトトラップをやれば野生のヤママユが高い確率で飛来するだろうというのだ。

四方さん「月齢は半月なので、まあ悪くはないですね」
メレ子「月は戦果に関係あるんですか？」
四「まわりの光源が少ないに越したことないですよ。新月で気温の高い晩が最高です。僕はいつでも手帳で月齢をチェックしています。現代人は太陽暦で生きているけど、蛾屋は太陰暦で生きているんです！」
メ「な……なんか有無を言わさなくてかっこいい！」

※7 天蚕はヤママユの俗称。あまりもてはやされることのないガの中でも、繭から糸がとれるガたちは人と関わりが深い。どんどん品種改良されて家畜化したカイコガは家蚕（かさん）と呼ばれ、飛んだりエサを探す能力をおおかた失い、もはや一般の昆虫と同列に語れないほど異質な生きものになっている（カイコとガの章をひとつにすべきかと思ったが、そのため別に扱った）。
それに対して、ヤママユなどのガは野蚕（やさん）と呼ばれ、野生の特徴を失っていない。ヤママユの幼虫はクヌギの若葉を食べてみずみずしい緑色に育ち、やがて緑色の繭を作る。この繭からとれる生糸はとても輝きが強く、とても高価で「緑のダイヤモンド」とも呼ばれる。

林縁の草地に、四方さんはライトトラップを組み立てていく。説明が遅れたが、ライトトラップ（灯火採集）〈※8〉とは、白い布に強い光を当て、光に集まる習性がある夜行性の虫を採ることをいう。骨組みのパイプをつなげ、白い布を張り、ライトをいくつも吊るしていく。長年かけて改良した自慢の装備らしく、あっという間に組みあがってしまった。

「これからこの一帯は、UFOが降りてきたみたいに明るくなります」四方さんはおごそかに宣言し、発電機のスターターロープを引く。ブロロロロ……という音と共に、布が白く浮かびあがった。5分も経たないうちに、闇の中にひそんでいた虫たちが続々と現れはじめる。虫採り星人のUFOにインセクト・ミューティレーションされたあわれな者たちだった。

羽アリの集団、セミ、コクワガタにカブトムシ。ウスバカゲロウの仲間だがカマキリそっくりの上半身をもつキカマキリモドキ〈※9〉。黒くいかつい顔のオオオサムシがすばしこく現れ、いつの間にか小さなガをくわえている。ガの仲間はひっきりなしに現れる。桃色の下翅をのぞかせるモモスズメ、カイコの原種の茶色いガ・クワコ、純白のシロヒトリ。擬態蛾の王様・ムラサキシャチホコは、細長い身体に鱗粉の模様だけで「乾いて丸まった落ち葉」の模様を描きだす存在自体がトリックアートなガだ。幽玄という言葉を体現したような薄水色の大きなガ・オオミズアオも現れた。四方さんは大小のガの中を練り歩き、たまに毒ビンに放りこんでいるが、それはわたしから見ると「横にオオミズアオがいるのに、なんでそんな地味でぱっとしないやつを採るのか……」とひそかに思われるような玄人受けする子ばかりだ。

そして、約1時間後。近くの草むらに、巨大な影がモソモソしているのを認めた。熟柿のような橙色の、まだ翅のスレも少ないきれいなヤママユだ。4枚の翅には、それぞれピンクと黄色で

※8 タマムシの章（P79）では高尾山の街灯にくる虫を採ったが、あれは光源を自前で用意したわけではないので「灯下採集」である。

※9 カマキリと近縁だったり擬態しているわけではなく、小さな昆虫を捕らえるためにたまたまカマキリと似た姿に収斂（しゅうれん）進化したとされる。

ふちどられた眼状紋が入っている。目玉模様の瞳にあたる部分には半透明の薄い膜が張られていて、ヤママユが白布にとまると、黒いシルエットの中に4つの丸が光を通して浮かびあがった。

1匹飛来すると、次々に現れるヤママユ。濃いチョコレート色のものから薄灰色に近いものまで、黄色を基調としつつ色彩変異の幅が広い。実はヨナグニサン・オオミズアオ・ヤママユは、みな同じヤママユガ科である。わたしはこの上臈（じょうろう）を思わせる仲間たちに、すっかりあてられてしまったらしい。

後半は『イモムシハンドブック』〈※10〉（文一総合出版）の写真家・安田守さんも来られ、雑木林を散策することになった。いきなり「クサアリのにおいがする」と道端にしゃがみこむ安田さんと四方さん。ひょうたん型のものをつまんで見せてくれた。マダラマルハヒロズコガ（ツヅミミノムシ）というガの幼虫で、平たいひょうたん型のミノに隠れてアリの目をかいくぐりながら暮らしている。クサアリの巣の入り口周辺でよく見られる好蟻性昆虫だ。

クヌギの樹液場では、赤みを帯びた半月に呼応するようにキシタバの目が紫に光っている。下翅が美しいカトカラ（Catocala）と呼ばれるガの仲間だ。カトカラにはさまざまな下翅の色を持つものがいて、とても人気がある。生きているキシタバをはじめて見て、わたしは「アカン……『展翅してある標本しか見たことなかったから、ふだんは下翅をしまってるって知りませんでした』なんてこの人たちの前で言えねえ……」とひそかにショックを受けていた。

ライトトラップの締めくくりもなかなか大変だ。虫がどんどん増えてきて、ゲリラのようにタオルで顔の下半分を覆う。ライトをひとつ残して白布をはたくと、美術の教科書に載っていた速水御舟（はやみぎょしゅう）の『炎舞』の密度を数十倍にして情緒をマイナスしたような絵になる。大急ぎで発電機を

※10 通称「イモハン」。チョウ・ガ類のイモムシを美しい白バック写真で撮影し、虫屋界にとどまらず空前のイモムシブームを巻きおこしたポケット図鑑。

ライトトラップに誘われて訪れたヤママユ。灯に誘われやすいというのは本人たちにとっては不幸なことで、生息地の山林が開かれて人家ができると、人工の光に惑わされてまともに飛ぶことができなくなり、数を減らしてしまうようだ

切って車に急ぐが、どうしてもしぶとい虫がついてきて、帰る道々で何度か窓を開けてはカメムシや小さなガを放りだす作業に追われた。夢のような夜だったが、虫嫌いにとってはそのまま悪夢の一夜だろう。

真夏から真冬まで四季折々のガを楽しめ、シーズンオフが少ないのも蛾屋の特権だ。まだ肌寒い4月にも図々しく飯田におじゃまし、今度は春蛾のライトトラップをしてもらった。夏とは顔ぶれががらっと違う。虫の密度は低いが、蛾率がきわめて高い。そして、それぞれに特徴的なかっこいいガが次々と訪れる。異次元あるいは猫の目を思わせる翅の模様を持つイボタガ、戦闘機みたいなシルエットのオオシモフリスズメ。そして、やはりヤママユガ科のエゾヨツメは、濃いオレンジ色の翅に素晴らしいブルーの目玉模様をつけた愛らしいガだ。

メレ子「いや〜、ビール〈※11〉を飲んでいるだけで虫がわんさかやってくるなんて、ライトトラップって最高ですね〜」
四方さん「蛾屋はフェロモントラップや糖蜜トラップ〈※12〉も使うけれど、基本的に待ちの採集だよね。だから永幡くんには『四方さんは虫採りがヘタクソ』って言われる」
メ「(実は超仲良しだな、この人たち……) 四方さんは新芽に擬態してるイモムシとかをすごい勢いで見つけるじゃないですか〜」

※11 ちなみに車を出してもらっているので、飲んでいるのはわたしだけである。最低の人間であることがおわかりいただけただろうか。

※12 フェロモントラップとは、メスがオスを呼ぶときのフェロモンを抽出し、オスを誘引する方法。調査や防除で利用されることが多い。
　糖蜜トラップとは、樹幹などに黒砂糖や酒を混ぜて作った糖蜜を塗りつけて、集まってきたガを採集する方法。いわゆるハニートラップ（お色気作戦）とは異なるので注意が必要である。

ちなみに真冬に楽しめるガといえば、冬に羽化してくるフユシャクの仲間たち。「冬なら天敵が少ない」という誰もが思いつく理由で、誰もやらない作戦に踏みきったとされるガだ。メスは翅がないか退化していて空を飛べず、カビたかつおぶしに脚がついたような珍妙な姿をしている。成虫には口がなく、フェロモンでオスを招き、真冬に交尾・産卵して死ぬ。懐中電灯を片手に凍えながら街灯や公園のトイレを見回っている人を見かけたら、それは冬に許された数少ない虫探しをしているフユシャクハンターかもしれない。

「すてきな虫」を入れる箱

チョウは日本に約260種生息するのに対して、ガはなんと6000種を超えるといわれる。蛾屋にとっては、未開拓であることも大きな魅力のひとつだ。しかし、実は「ガ」という独立の分類は存在せず、鱗翅目は「チョウ」を構成する3上科と「その他大勢の鱗翅目＝ガ」になってしまうのだという。『自然を名づける　なぜ生物分類では直感と科学が衝突するのか』（キャロル・キサク・ヨーン 著、三中信宏・野中香方子 訳／NTT出版）によれば、人は生まれながらに生物を名づけ、分類する直感（環世界センス）を持つ。天才的な環世界センスで分類学の基礎を築いたリンネを皮切りに、分類学史が平明に語られる。やがてダーウィンの進化論や遺伝子学と出会った分類学はどんどん直感から解放されていったが、一方で最新の分類によれば「魚類」

※13 分岐分類学では、厳密な単系統群のみを単独の分類群と認める。単系統群とは、進化の系統樹で1本の枝から分かれ、その枝先に属する生きものたちが、それらを特徴づける形質をみんなで共有している場合の枝まるごとを1単位とする。たとえば「脊椎動物亜門」はみんなひとつの祖先から進化し、背骨という特徴を有する単系統だが、「魚類」は魚類のみで共有する形質を持たない。そのため、従来の分類による「魚類綱」ではなく、「脊椎動物から四肢動物を除いた側系統群」になってしまう。

はなくなる〈※13〉など、一般人の感覚からは乖離していった。環世界センスを貧弱にしてしまった人類は、今や生物の大量絶滅にすら無関心であると、この本は環世界センスの復権を声高に訴える。たしかにプロ・アマを問わず、昆虫研究者の環世界センス〈※14〉を実感することは多い。膨大な虫に接した経験と生来のセンスで分類のはざまを泳ぐ人たちがいる。

だが「直感」と「知識」の対立をやや煽りすぎではとも感じる。身のまわりの生物を安全なものと危険なものに分類する直感〈※15〉はたしかに生きる上で不可欠だが、一方で人は「(死なない程度に)新しい知見で直感を裏切られたい」と感じているのではないだろうか。それが知的好奇心だ。いずれにしても、フィールドに出てたくさんの生きものに触れて、環世界センスを使うことの大事さ(というより、楽しさ)には共感する。自分の頭の中の「チョウ」と「ガ」の箱は大事にとっておいて、同時に「かっこいい虫」「すてきな虫」「地味な虫」「いやな虫」のフォルダも自由に行き来させればいい。一度にたくさんの虫を見られるライトトラップは、環世界センスを磨くにはうってつけかもしれない。

そういえば、タマムシをこよなく愛するある学芸員さんは「タマムシ以外は認めない」とうそぶきつつ、気に入った虫については「このコガネムシはタマムシです」「このガは例外的にタマムシですね」と、直感を超えて愛を基準にした超分類をしてしまう。たくさんの人が時に争いながら積みあげてきた学問の歴史には敬意を払いつつ、心の中に生きものを入れるいろんな箱を持っている人が、最終的にはいちばん楽しめてしまうのではないだろうか。

※14 「子供のころから、酷似するシロテンハナムグリとシラホシハナムグリが別種だと気づいていたが、クラスの誰も取りあってくれなかった」とか「個体差ではなく未記載種であることを、言語化できないレベルで感じた」というエピソードを頻繁に見聞きする。

※15 この本では、脳炎などで脳の環世界センスを司る部位に損傷を負ってしまった人の症例も紹介している。無生物である車を運転したり工具を使うことはできるのに、生物となるとウマとネコの区別もつかない患者たちのエピソードは、環世界センスが生きていくのに必要な能力であることを明らかにする。

ダントツで愛らしい春蛾・エゾヨツメ。メスから採卵し、サクラの葉で幼虫を育てたのだが、エゾヨツメの幼虫たちはカミナリのようなトゲを5本も生やしていて、平常時からプンプンしているように見える愛らしさだった。脱皮するにつれて、トゲはだんだんなくなって丸くなってしまう

セミ

真夏のホラー

baby cicada
〔陶、純銀〕
奥村巴菜　Hana Okumura

蝉

カメムシ目（半翅目）頸吻亜目セミ上科に属する。幼虫は地中で数年間も過ごし、木の根から樹液を吸う。数回の脱皮を経て地上に現れ、成虫に羽化する（不完全変態）。オス成虫は腹部を共鳴させて音を出し、メスを呼ぶ。成虫期間は約1カ月。

セミの羽化

都市部でも、夏になると街路樹や緑地はセミの大合唱に包まれる。

小学生のころ通っていた、叔母の営むピアノ教室で待ち時間に読んだ漫画『エスパー魔美』（小学館）のエピソードを今も覚えている。超能力者である魔美が「出してくれ」と訴えるかすかな思念をキャッチし、幽霊だと大騒ぎするのだが、思念の主は、地表にコンクリートが敷設されて外に出られなくなってしまったセミの幼虫だったという話だ。お話の中の幼虫は、魔美にテレポーテーションさせてもらって無事に羽化する。しかし、地に潜ったはいいものの数年後に出られなくなる幼虫はたくさんいるはずで、その数を思うと寒気がした。

セミの羽化の助太刀は、市街地でも簡単にできる虫との楽しいコミュニケーションだ。ある日、大雨の日にうっかり出てきてしまったアブラゼミの幼虫を見つけた。家に連れ帰り、観葉植物の鉢につけてみたところ、ひと晩かけて立派に羽化した。

白い身体に緑色の体液がゆるやかに巡っていく様子からは、あのかまびすしさはとても想像できない。一部始終を写真に撮り、「セミヌードを舐めるように撮る」〈※1〉と題してブログにアップしたところ、「タイトルに釣られた！　くやしい！　でも……意外と感動した！」という報告が多数寄せられた。

※1 d.hatena.ne.jp/mereco/20090807/p1

夏の怪談・セミファイナル

しかしながら、多くの虫嫌いに夏ならではの恐怖を与えているのもセミである。アブラゼミやミンミンゼミは、身近な虫の中では最大クラスの大きさだ。それが街路樹で鳴きたてるだけならまだしも、ベランダやドアの前にしばしば瀕死の状態で転がっている。

死体ではなく瀕死というところがポイントで、意を決して片づけようとするとジジジジッと大声で鳴いて暴れまわる。この現象は巷では「セミ爆弾」「セミファイナル」と呼ばれ、ひどく恐れられている。

虫屋にも特定の分類群が苦手だという人はたくさんいて、セミの「予測のつかない動き」が受けつけないポイントとして槍玉に上げられることも多い。わたしも正直、ねずみ花火のように跳ねまわるセミファイナルにはあまり愛着が持てない。

実は、完全に死んでいるセミ（セミリタイア）と生きているセミ（セミファイナル）を見分ける方法がある。セミリタイアは死後硬直が進み、6本の脚をほぼ完全に畳んでいるのに対し、セミファイナルは脚を外側に向けて開いている。起き上がる気力を一時的に失った状態なのだが、人の気配を感じると最後の力を振り絞って暴れてしまうというわけだ。

右記はネットで話題になっていた見分け方だ。わたしも夏のあいだ、アパートの廊下に点在す

クワズイモの茎で羽化するアブラゼミの幼虫

るアブラゼミで検証してみたのだが、少なくともアブラゼミについてはほぼ例外なくこの方法で見分けることができた。まあ、虫が苦手な人にはセミの脚を凝視することも耐え難いのであまり役に立たないかもしれないが……。死んだと思わせて反撃してくるなんて、まるでサスペンス映画の犯人ではないか。

東南アジアに生息する大型のキエリアブラゼミなどは翅が黒く、黄色や青の太い襟のようなラインが入っていて、まるで中世ヨーロッパの貴族のような風格だ。しかし一方で、日本国内にいる一見つつましい姿のセミも、よく見ればなかなか美しい。うちのまわりで見つかるのはアブラゼミばかりだが、日本には30種余りのセミがいるという。

セミを食べる会（採集編）

ここからいきなり不穏な話になるが、わたしの昆虫食との出会いはセミからはじまった。

2012年の夏も終わろうというある日、アクティビストにしてライターの安全ちゃん〈※2〉が「昆虫料理研究会の主催で『セミ会』をするそうなのですが、メレ子さんもいっしょにいかがですか?」と誘ってくれたのである。

なんでも都内で開催されたセミ会はすでに満員御礼で、つくばで急遽追加開催することになっ

※2　安全ちゃんは全世界の貧困ガール蜂起をよびかけるアクティビスト。インターネットに不定期に舞い降りる彼女の文章は、泥に咲く蓮の花のように鮮烈。

d.hatena.ne.jp/anzenchan/

たという。主催団体の名前からいって「セミを愛でる会」であるはずもなく、当然「セミを食べる会」だろうが、セミを食べたい人たちはそんなにいるものなのか。

つくば市内のとある公園に、40名ほどが集合していた。昆虫料理研究会代表・内山昭一さんより「それではこれから虫を集めて、のちほど公民館内の調理室に集合しましょう」と、解散を言いわたされた。そういえば事前の連絡メールにもそんなことが書いてあったが、バタバタで来たので虫採りの特別な用意はしていない。横の安全ちゃんを見ると、彼女も渋谷にでも行くかのような服装である。見るからに落ちこぼれの我々だったが、散っていく皆に押されるようにとりあえず公園の奥に向かって歩きはじめた。

トボトボと歩く我々二人に「〇〇テレビの者ですが〜」と、カメラをかついだ男性が声をかけてきた。深夜番組の特集として、セミ会を取材しに来たという。

テレビ局の人「それにしても……やる気ないですよね？」

安全ちゃん「何を言うんですか！」

メレ子「そうですよ！　やる気しかない状態です」

テレビ局の人「だってその格好……」

心ない報道の暴力に傷つく我々だったが、虫採り網・虫かご・虫に関する知識などを持たない女たちはどうしようもなく非力だった。このまま手ぶらで帰れば、むかし幼稚園で聞かされた説話のウサギのように、みずからの身体を火に投じてお釈迦様に捧げないといけないのではないか。

そもそもなんで、幼稚園児にそんな自己犠牲エピソードを聞かせるんだ。
それでもめげずに歩いていると、街路樹でボーッとしているトンボを手づかみすることができた。「これに入れましょう」と安全ちゃんが出したジップロックを見ると、なんか紙幣が入っている。

メレ子「安全さん、このジップロック……お財布なの？　平野レミ〈※3〉リスペクトですか？」

安全ちゃん「平野レミさんはリスペクトしてるけど、これは前のお財布が壊れちゃった一時的措置ですよ！　次に買うお財布ももう決めてます！」

いまいち士気が上がらず、旅行の話などしながら歩く我々を大量のカが襲い、結局近くのスーパーで虫かごを買うついでにムヒも入手し、顔以外の素肌が見える部分全体に塗りたくった。虫採り網は、ほかの参加者が殺到したためすでに売り切れていた。スーパーの人たちも、まさか食べるために虫を採っているとは思わなかっただろう。

※3　いつもほがらかな有名料理研究家の平野レミさんは、財布がわりにジップロックを使用していることを公言している。「この年になってやっと自分にピッタリのブランドに出会えたわ。やっぱりキッチンにあったのね！」か、かっこいい……。

twitter.com/Remi_Hirano/status/24169146167

緑色の紋章が入ったコエゾゼミ（北海道・上士幌町）

セミを食べる会（実食編）

ようやく集合時間になって調理室に行くと、優秀な昆虫料理研究会員によって集められたいろんな虫食材が集まってきていた。

特に目を引くのが、ヤママユガ科のガの幼虫・シンジュサンだ。薄青色をベースにした5、6センチもあるむっちりした身体にやわらかいトゲを生やした、あまりにも斬新な形状の幼虫。わたしは最初「わあ、セミを採りに行ったついでにかわいい幼虫がいたからにぎやかしに採ってきたんだねえ」と思っていたのである。しかし、かわいい虫を「職場の花」扱いするという昭和的センスはこの部屋には存在しない。その後、わたしが見たのは揚げられて丸まった大量のシンジュサンたちだった。

そして本日のメインディッシュ――羽化のために地上に出てきたセミの幼虫も、ボールいっぱいにうごめいていた。参加者たちが驚きあきれている間に、昆虫料理研究会の面々はテキパキと虫を調理していく。セミ幼虫たちの多くは、素揚げされて塩を振られた。

おそるおそる口に入れてみると、なんとなく想像していたものの、まさに「エビのような味」。竹かごなどに入れて出せば、上品なおつまみとして通るだろう。実はわたし、エビやカニといった甲殻類の味があまり好みではない……ので、美辞麗句を並べてセミを褒め称えることはできないのだが、まさに陸エビだ。

イナゴの佃煮などの市販品でなく、はじめて食べた野生の虫。意外と平静な気持ちなのは、会の雰囲気自体が非常に淡々としているからだ。「この皮が意外と口に残るから、次は除いてみてもいいのではないか」などと真剣に相談している様子は、街中の料理教室とたいして変わらない（参加したことはないが、きっとそう）。違うのは、食材が虫であることだけだ。

成虫も、数は少ないものの捕獲されている。こちらは幼虫と異なり腹部がほぼ空洞なので、注射器でケチャップを入れるなどの工夫がされているようだ。捕獲した虫は素揚げが基本的な調理法のようだが、カイコのフンを煮たお茶や、東南アジアで市販されているツムギアリの幼虫の缶詰を使ったメープル煮なども供されていた。

わたしは内山さんに、当時飼っていたおカイコを食べてみるように執拗に勧められながら、さまざまな昆虫料理を堪能した。以前から内山さんと親交のある安全ちゃんによれば「内山さん、以前おしゃれなベーグル屋さんにも『蜂の子ベーグル』をラインナップに加えるように執拗に勧めていました」とのことだ。

参加者も複数回来ている常連さんが多い。「初参加ですか？　セミ会から入るのはいちばんおススメですよ！　お腹にたまりますからね」と話しかけられた。たしかに最初はおそるおそる食べていた参加者たちも、どんどん新しい食体験を求めて調理室をさまよい、希少な食材はなかば奪い合いの様相を呈している。

取材に来ていたテレビ局の人も「お腹すいたでしょう、食べてみなさいよ」と周囲の人々から口々に勧められている。「いや、僕はそういうのは……」と固辞していたが、最終的に目をつぶってセミの幼虫を口にし、モグモグしながら「意外と普通……」とコメントしていた。この部屋では、傍観者であることは許されないのだ。

会場を出ると、すっかり日が落ちて暗くなっている。入り口の壁で、われわれの目を逃れた幸運なセミが羽化していた。

家の近くまで戻ってきてサクラの並木道を通りかかると、耳をつんざくセミの鳴き声がドーム状にこだました。街灯や住宅街の明かりで夜も暗くならないので、夜も昼もなく鳴いているのである。ふだんはうるさいだけで気にもならないが、この夜のわたしにはこう聞こえた。

「かやせ――」「仲間をかやせ――」

「ギャーッ！　すみません！　すみません!!」

わたしは頭を抱えて、全力で家までの道を走った。

怪奇！　セミヤドリガ

セミを食べているのは人間だけではない。セミに寄生する謎の多いガというのが存在する。そのガの名前はセミヤドリガ。幼虫のときだけセミの背中に取りつく〈※4〉。体表は白い蠟

※4　セミヤドリガの宿主となるセミはヒグラシが圧倒的に多いとのことだが、アブラゼミなどにつくこともあるようだ。

のようなフワフワした物質に覆われており、かなり目立つ。1匹のセミに複数のセミヤドリガ幼虫が乗っていることも多く、必ず死んでしまう訳ではないが、1センチ弱の幼虫に栄養を提供しているセミは相当なダメージを受けるはずだ。寄生されたセミは、共鳴して音を出す腹の部分に影響が出るためか、鳴くのがヘタクソになるともいう。

このホラーながをどうしても見たくなり、人に教えていただきある谷戸（やと）〈※5〉に探しに行った。セミヤドリガはヒグラシの多い場所である、じめっとした杉林にいるという。9月上旬ではヒグラシはもういないかもしれないが、セミから離れて地上に降りてきたセミヤドリガが繭を作っている可能性がある。

白いものを探して歩くわたしの前に、純白のキノコやボーベリア菌〈※6〉に侵されたカミキリムシの死骸などが現れる。クモの巣を避けて身を縮め、『ミッション：インポッシブル』のテーマを「デッデッデッデッ」と口ずさみながら林内を探索していると、ほどなくして目の前にフワフワの物体が現れた！

ひとつ見つかると目が慣れたのか、次々と現れる白い繭。30分ほどで、7個ほどの繭を手に入れることができた。新鮮な繭は凶悪な生態とは裏腹にフワッフワで、暗い林では何しろ目立つのである。

セミヤドリガのWikipediaを見ると、またしても「目立つ原因となる純白の綿毛は、少なくともヒトには無味無臭で、口に入れてもすぐに溶けて何の感覚もなくなるようなものである」と、ダンゴムシに続いて味覚的情報に関する記述がある。こんなもん、誰が食べるっていうの……。

※5 谷戸は丘陵地が侵食されてできた谷状の地形。宅地開発を受けずに残った谷戸では、住宅地の中でも驚くほどたくさんの生きものが残っていることがある。

※6 ボーベリア菌は、虫について身体の水分を奪い、死に至らしめる白いカビ。

と思っていたら、ツイッターにセミヤドリガの写真をアップするやいなや「たべたい！」とレスがついて吹いた。昆虫料理研究会メンバーにして昆虫研究者の佐伯真二郎さんだ。「蟲喰ロトワ（Twitter：@Mushi_Kurotowa）」のハンドルネームで昆虫食を広めるための多岐にわたる取り組みをされている。彼の人気ブログ「蟲ソムリエへの道（mushikurotowa.cooklog.net）」には淡々とした文章で、ひたすら虫の味見の感想や虫に関する活動の記録が綴られている。

採った繭を半分ほどお送りすると、すぐに試食して感想をアップしてくれた。「蛹：やはりシャクっとした食感とプチプチとした歯ざわり。味はよりわかりやすい。木質系の甘い味。特徴はない。」〈※7〉とのこと。「（昆虫としての）特徴はない」という言葉が、逆説的に虫を常食している感じを引き立たせている。

セミに寄生しているのでダニのように口器を刺して体液などを吸っているのかと思っていたが、実はセミヤドリガは咀嚼型の口を持っているという。具体的にどうやってセミから栄養をかすめているのか、なぜ白い衣をまとうのか、さらにどのようにセミに取りついているのか。どうにも謎の多い虫だ。成虫は地味としか言いようのない黒く小さいガなのに……。

セミ爆弾、食べられたセミの恨み節、そしてセミを脅かす寄生生物――今回は、ホラー要素てんこ盛りの章になってしまった。どうもセミというのは、わたしにとって怪談を引き寄せる生きものらしい。

これからも、夏が来るたびにセミの耳をつんざく大輪唱の中を走り抜けるいっぽうで、白い幽霊のように静謐な羽化の光景に見とれることになるのだろう。

※7 セミヤドリガの頂物（mushikurotowa.cooklog.net/Entry/173/）

セミから離れて繭（上）を作るために糸を引いて下りてくるセミヤドリガ幼虫の写真。豪華なファーコートを着ているよう。セミから盗んだ栄養でこのコートも作ったのだと思うと、いい加減にしろと言いたい

〔11〕

カイコ

家畜化昆虫との
新しい関係とは？

カイコガ
〔羊毛フェルト〕
市山美季　Miki Ichiyama

蚕

チョウ目（鱗翅目）カイコガ科。野生に戻る力を失った唯一の家畜化昆虫。茶色い野生のガ・クワコが原種とされるが体色も吐く糸も真っ白で、成虫は飛ぶことさえできない。カイコの羽化前の繭を煮て糸を縒ったものが生糸であり、絹の原料となる。

社畜化された人類VS家畜化された昆虫

亡くなった祖母は、虫やけものに脅かされた時代に育ったことを差し引いてもいささか過剰に、おおかたの生きものを嫌っていた。ハエタタキを手放さず、目に入るすべての小虫を血祭りに上げ、庭で猫を追いまわしていた彼女だが、おカイコだけは別格だった。

絹の原料である生糸は、ガの一種であるカイコガの幼虫がサナギになるためにつむいだ繭を茹で、ごく細い絹糸を引き出して縒りあわせて作られる。この虫が作り出す絹糸の価値の前では、愛を語る言葉は今さら不要かもしれない。

「おカイコさんはな、すべすべして可愛いんよ」と祖母から聞かされたわたしは、幼心にも「あの婆ちゃんにここまで言わせるおカイコは凄い」と感じていた。カイコの高い商用価値とそこから生まれた人間との生活〈※1〉は、虫嫌いの女のパラダイムにも変節を強いていたのだ。

とはいえ、それも今は昔。シルクロード、富国強兵策、富岡製糸場、ああ野麦峠……と歴史の教科書を開いてみても、蚕業が身近に感じられるわけではない。クローゼットをひっくり返してみても、衣類のタグに書かれているのはレーヨンやポリエステルといった化繊の名前。

あまりにも長い時をかけて人に利用されてきた結果、カイコは野生への回帰能力を失った唯一の家畜化昆虫へと進化した。青白い彼らの肢の力は弱く、木の枝につかまって風雨に耐えること

※1 約5000年ほど前、中国黄河流域で、野生のガの繭を利用するようになったのが養蚕のはじまりと言われる。
　日本にも渡来人が養蚕技術を伝え、江戸時代には品種改良や製糸の機械化も盛んに。明治期の開国以降は、外貨獲得のため蚕業が推奨され巨万の富を産み、1930年代には日本は世界一の生糸輸出国になった。
　戦後復興を経て、50〜60年代にかけて養蚕業はふたたび勃興。特に養蚕が盛んだった信州伊那谷では、なんと年4回も（!）カイコが育てられ、壮蚕期には母屋までカイコに明け渡し、人は蚕棚の間や土間で寝たという。
　その後、近代化や化学繊維の発達により、養蚕業は徐々に縮小に向かっていく……。

はできなくなった。日に数回、桑の葉のついた枝を頭からかぶせてもらわないと、自力でエサを探すこともできず飢えて死んでしまう。

カイコと人のつながりが消える中、彼らと新しい関係を築くことはできるのか？　社畜化された人類の代表として、わたしは家畜化された昆虫と暮らしてみることにした。

波乱の幕開け

爵位すらインターネットで買えるこの時代、いわんやおカイコをや。西陣織の織元「塩野屋」さんは、毎年ネットでカイコ飼育キット〈※2〉を販売している。買う前に電話で孵化や繭化の時期を問い合わせてみたところ、とても親身に対応してもらえた。

塩野屋さん「糸を取るならこのときに……」
メレ子「いえ、そのまま成虫まで育てます」
塩「そうですか？　どんな目的で飼われるの？」
メ「ハイ、ただ観察してみたいんです」
塩「そうなの？　あのね……」

※2
・蚕の卵（25個）
・飼育マニュアル
・割り箸
・消毒用アルコール綿
・掃除用ネット
・桑の葉（10日分）
・飼育箱
と、おカイコライフに必要なものがひと通りそろい、価格は2500円（2013年現在）。申込用紙（pdfファイル）をダウンロードし、郵送またはFAXで申込可能。
孵化の日取りは綿密に調整されており、5～9月のうち、5種類の孵化日を選べる。
桑の葉を追加購入できるが、桑の木は住宅地にもよく生えているので探してみるとよい。

塩野屋HP（www.shiono-ya.co.jp/）

ハッ、京西陣に14代続く織元のプライドを傷つけてしまっただろうか。ただ愛玩するというのは邪道と思われる……と、思わず息を詰めたが、続いて聞こえてきたのは意外なひと言だった。

塩「あのね……かわいいですよ！」
メ「あっ、えっ、ハイ！　かわいいですか！　やはり!!」

思わぬところで塩野屋さんのおカイコ愛にふれ、おカイコ生活への期待がいっそう高まる。

しかし電話までして到着時期を調整したにもかかわらず、わたしはこう叫ぶことになった。
予定していた旅行がフライトキャンセルで半週ずれ、ドタバタの中で塩野屋さんに連絡し忘れたため、飼育キットを帰国後、2日遅れの再配達で受け取ることになってしまったのだ。懸念は的中、おそるおそる箱を開けたわたしは恐怖にのけぞった。

「ギャーッ!!　生まれてるー！」

厚紙の台紙の上で黒い毛蚕(けご)、つまり孵化したての幼虫25頭が、これまたのけぞってユラユラしている。ただし、彼らをのけぞらせているのは恐怖ではなく空腹。桑の葉を求めて頭を振っているのだ。季節は7月中旬、同梱の桑の葉は黒く変色し、腐臭を放っている。こんなの、いたいけなおカイコに出せないよ……。

こうしてはいられない。夜中ではあったが剪定バサミを持って近所の川べりに走り、目をつけていた桑の木から、なるべく柔らかそうな葉を切り取る。しかしそもそもこの木、本当に桑なの

山形県の養蚕農家・大浦さん宅で桑葉を与えられるおカイコたち。日に3回、軽トラック1台分の桑葉が注がれるが、すぐに枝だけになってしまう。96歳のおじいさんと71歳の息子さん夫婦で養蚕を続けられているが、周囲の農家はみな桑から果樹の栽培に切り替え、養蚕は採算がとれなくなっているがおじいさんの希望で続けている

か？　いまいち自信が持てず、最初はキットの葉に混ぜて与えようと思っていたのだが……。

不安な一夜が明け、1センチ角に刻んで与えた葉に、筋のような食べ跡があるのを見たときには本当にほっとした。これからは大事にするからね!!

おカイコを飼うとき、おカイコもまたこちらを飼っている

粗忽な飼い主を持つという致命的なハンデにもめげず、おカイコたちはすくすく育っていった。脱皮の前には眠（みん）という、頭をもたげた直立不動の状態になり、1日～2日のあいだ何も食べなくなる。2回目の脱皮を終えた3齢からは、まだ黒っぽいもののカイコらしい姿になってきた。カイコを飼うと、朝は早起きして桑の葉を切ってきて、フンや食べ残しの掃除をして……と、健全な生活を余儀なくされる。子供のころは飼う虫をみんな餓死させていたが、会社員となった今、これしきのルーチンには動じない。社畜と家畜の相性は、悪くないようだ。

いっしょに飼っているアゲハの幼虫などは、どれだけ心を砕いて世話してもわたしを敵と目し、臭角というツノ状の激臭器官をニュンと出して威嚇してくる。その点、おカイコは桑の葉をかぶせてやるとワーイ！　とばかりに取りついてきて、なんとも健気。野生のアゲハとは違い、人がまわりにいるのが自然な環境なのである。段ボール箱の蓋をきっちり閉めるのを忘れても、脱走の心配はない。繭をつむぐころまでは、仲間をまたぐ程度にしか移動しないのだ。

残業していると「ああ……おカイコの葉っぱ、カピカピになっているかも……」と気が気でないし、剪定バサミを通勤バッグに忍ばせているので、お巡りさんを見ると挙動不審になってしまう。混雑した電車の中で、半袖のおばあさんと二の腕どうしが触れあったとき、電撃的におカイコを連想して震えたこともあった。おカイコの脂気がなく、白くひんやりしてちょっとしわが寄った皮膚は老女のそれとそっくりだ。

おカイコが桑を食べる様子を見ていると、10分や20分は一瞬だ。おがみ手のような短い胸脚でしっかり桑の葉を支えているところは、幼児がアンパンやおにぎりを無心に食べているよう。頭がカッカッカッと数度に分けて弧を描くと、柔らかい葉が丸く削れていく。野生の本能を失ったとはいっても、食事風景はやはり生命力にあふれていた。

青い体液が薄い肌を透かしてヒューンヒューンとめぐっていくさまが、高速道路のライトが背後に駆け抜けていくところを思わせ、なにやらアーバンな気分〈※3〉になる。脱皮の様子を、小1時間かけて動画撮影したこともあった。皮を脱ぐたびに、気品のある白さが増していく。

羽化の一歩手前である終齢幼虫になると、一生のうちに食べる量の約8割、約20グラムの桑葉を食べる〈※4〉。最初に見つけた桑の木だけでは葉の調達が心もとなくなってきた。わたしは剪定バサミを手に、朝な夕な川辺をうろついた。朝の光の中軽快に走るランナーも、夜道を気持ちよく歩く酔っ払いも、怪しい人影を見て道の反対側によけて行った。

おカイコがあまりによく食べるので、厳重にセコムされた近所の豪邸の庭に伸び放題の桑の木を眺めては、鳴り響くアラーム、飛び出してくるドーベルマン、「違うんです……うちの蚕(こ)がお

※3 わたしのアーバンの基準がどこかでどうしようもなくかけ違っているのだろうが、大分で育った人間にアーバンの感覚を期待されても困るのである。

※4 飲み会などで好きな異性のタイプに話が及ぶと、たまに「ご飯をおいしそうに食べる女性が好きですね」と答える男性がいる。そんなときなぜか「でもデブはお嫌いなんですよね?」と、誰も得しない糾弾を行ってしまうのだが、おカイコの食いっぷりを見ているときの気持ちはまさに「いっぱい食べる君が好き」だった。

カイコの終齢幼虫。養蚕は莫大な富をもたらすと同時に、天候や病気、生糸価格の下落などに左右されやすかったので、各地で養蚕の神が信仰された。有名なのは岩手県遠野市に伝わる人馬一体の神「おしら様」で、遠野の伝承園にはおしら様像に色とりどりの布を着せて願いごとをする「オシラ堂」がある

なかを空かしていて……違うんです……」という涙声の訴え、手首にジャラリとかけられた手錠の冷たさ……といった妄想が日ごとリアリティを増していった。おカイコの終齢がもし5、6齢ではなく10齢くらいあったら、前科がついていた可能性も否定できない。

その昔、ニーチェとかいう人がこう書いたらしい。

怪物と戦う者は、その過程で自分自身も怪物になることのないように気をつけなくてはならない。深淵をのぞく時、深淵もまたこちらをのぞいているのだ。

精神も生活もおカイコ中心になっていく様子は、まさにおカイコを飼っているのか飼われているのかわからない状態だった。

ねらわれたおカイコと昆虫食の歴史

おカイコとの蜜月が続く中にも、彼らを狙う黒い影があった。昆虫料理研究会代表にしてキングオブバグイーターの異名をとる男・内山昭一氏だ。

セミの章で取り上げた「セミ会」でふるまわれたのが、「カイコのフン茶」だった。カイコのフンを煮出したというお茶は、桑の葉の香りがしてなかなか美味。しかしカイコの体を経由せずとも、桑の葉をそのままお茶にするのでは駄目なのか。疑問を感じつつも、油断したわたしは何気なく「うちでもおカイコを飼ってるんですよ」と、内山さんに言ってしまったのである。

内山さん「本当ですか！　おカイコ、とっても美味しいですよ。糸を取ったあとのサナギを食べるといい」

メレ子「えっ……あ、愛玩目的なので成虫にしようと思って。残念だなあ……」

内「ああ、成虫もいけますよ。フライパンで炒ると余計な鱗粉が飛んで香ばしい味わいになってねえ、これまた絶品だ」

メ「ええッ」

その後も内山さんはメールでのやりとりの際などに「追伸　おカイコさまはお元気ですか」と折々したためため、おカイコのご機嫌うかがいをされるのだった。そのたびにわたしは脳内でおカイコたちをかき抱き「うちの蚕をそんな目で見ないでー！」と叫んだ。

内山さんのメール文面を下記に引用してみる。賢明な読者は、ぜひお試しを。

おカイコさまは卵も「陸のキャビア」と僕など呼んでいるほど、たとえばトンブリのような弾ける食感が驚きです。ぜひ卵を産んだら集めて召し上がってみてください。オリーブ油に漬けて塩で味付けます。すこしコショウもふるとベストです。カットしたフランスパンに塗るとキャビアの風情です。

内山さんは毒がなければだいたいの虫を口にしてしまうが、カイコは昆虫食においても古い伝統がある。養蚕の副産物として、また貴重なタンパク源として、信州など養蚕が盛んな地域ではむかしから食べられていた。糸臭さとでも言うべき独特の風味があるため、サナギをネギなどの薬味と共に、醤油で煮しめるのが一般的だったようだ。

近年は宇宙食への転用〈※5〉も期待されている様子。宇宙船の窓から見える青い地球とおカイコに思いを馳せながら、おカイコクッキーを食べる時代がやってくるのだろうか。

夏の終わりとカイコのともしび

幼虫の肌がうっすら黄味をおび、内側から光るような艶が出て徘徊をはじめるようになると、熟蚕（じゅくさん）という繭作り直前の状態だ。あわてて繭作りの部屋として、厚紙で「まぶし」と呼ばれる格子状の構造物を工作してやったが、飼い主の思いは一方通行。段ボール箱の角、同輩の繭の上、飼育箱の横にあったふきんの皺のあいだなど、すっ頓狂な場所に繭を作る者が続出した。懸命に頭を振って足場に糸を渡し、真ん中がくびれた繭を作る。

繭になって2週間ほどで、ついに最初のおカイコが羽化を迎えた。クリーム色の体に逆三角の黒く大きな眼、翅は退化して飛べずよちよち歩く脚。幼虫は苦手でも、成虫なら愛らしさに胸を衝かれる人も多いのでは！ ためしにGoogleで「カイコ　成虫」と検索語入力すると「カイコ

※5 宇宙での農業について研究する**JAXA**（宇宙航空研究開発機構）の山下雅道教授は、効率よく宇宙で動物性タンパク質を得る手段としてカイコに大注目しているという。

宇宙には行きたいが虫は……という人にもおすすめ「ヘルシーシルキー火星クッキー」なるレシピを提案されている。「うれしい！ 楽しい！ 大好き！」ばりのハイテンションだ。

さつまいもやおからの生地にカイコのサナギを揚げたものを細かくして混ぜ、シナモンで香りをつけているそうで、カイコを除けば吉祥寺あたりのオーガニックカフェで出していても違和感がなさそう（除いたら意味がない）。宇宙に行かずとも食べてみたい。

羽化したてのおカイコの成虫（♂）。羽化時に蛾尿（がにょう）という老廃物のしずくを出している。翅は退化しており飛ぶことはできないが、たまによちよち歩きで脱走し、カーテンのうしろでブバババと求愛しているアホの子もいないではない

成虫　かわいい」とサジェストされ、おカイコのかわいさの絶対性が保証された。

成虫に残された短い時間でやることはひとつ。羽化してすぐ、メスはおしりを上げて黄色いフェロモン腺をプリンと出し、オスはブバババと翅を震わせて異性を誘うのには度肝を抜かれた。「アンタ、まだ大人になったばっかりでしょ？　まだちょっとそういうのは早いんじゃ……」

飼育箱の前でおびえるわたしをよそに、白い妖精のごときおカイコ様は、これから何をすべきか完全に理解している。「何をおぼこいこと言うとるか」とばかりに、オスは翅を震わせながらノッシノッシとメスの横に並んで寄りそい、おしりをピタッとくっつけてしまった。

交尾開始後は自力では離れられないと言われている。数時間後に意を決し「割愛」〈※6〉の儀を執りおこなうことにした。震える手でカイコの柔らかい腹を持ち、そっと引っ張る。

離れない。

引っ張る。

離れない。

緊張と恐怖で汗ばみ涙目になりながら、さらに「カイコ　割愛　やり方」などの単語でググる。すると、ただ引っ張るだけではダメで、90度ほどの回転をかけつつ力を加えるのがコツらしい。「早く言えよ！」とワールドワイドウェブに向かって毒づきながら、なんとか分離に成功した。

しかし、彼らの遺伝子には大きな毛筆で「コ　ウ　ビ」と大書されているのだろう。せっかくビビりながら割愛してもまたすぐ結合してしまうし、隔離してもメスはおしりをプリン、オスはブバババ。なんだか修学旅行の旅館の廊下で、不純異性交遊を取り締まるために竹刀を持っての

※6　割愛とは、結合状態のカイコを人の手で分離させること。「詳細は割愛します」などの一般的用法とは語源が違うらしいが、今後会議などで耳にするたび、カイコを思い出すこと間違いなし。

し歩く体育教師になった気分だ。まさか虫に風紀指導をすることになるとは思わなかった……。

あきらめて放置してみると、半日〜1日後には自然と離れることもあるようだった。「体力の消耗を防ぐために割愛する」という記述を鵜呑みにしていたが、よく考えたら生産性とは無縁のこの飼育。消耗するのがカイコの本望だろうと、好きに交歓させておくことにした。

黄色い卵をたくさん産んだあと、おカイコたちは翅をぼろぼろにして、一匹また一匹と減っていった。わたしの仕事はもう、死んだ子を取りのぞいてやることだけだ。

9月10日の夜。箱の中で最後の一匹になったオスがブバババと盛り上がっている。箱に残ったメスのフェロモンで落ち着かないのか、無心に翅を揺らす姿は、ろうそくの炎のようだった。

カイコと人の新たな関係を築くなどと言いつつ、要は愛でて飼ってみただけなのだが、おカイコとの生活は想像以上に心に根を張っていたらしく、胸が詰まった。生業として養蚕を営む人たちも、少なからずおカイコを愛しているのだろう。ただの愛玩とは性質が異なるとしても。

これから、人とおカイコの絆はどんどん薄れていくのだろうか。みんなが製糸のためではなく、観察や愛玩のためにおカイコを飼ったら、どんなことが起こるだろう。野獣から家畜になり、そしてついに人のかけがえのないパートナーになった犬のように、さらに数億年後——人と共に宇宙に飛び立ったおカイコが知能を発達させ、宇宙船の窓辺で「メレ子、今日は地球のオーロラがすごいキュルよ」と教えてくれたりしないだろうか……しないな……キュルって何だ……。

強い陽射しの下で桑の葉を刈った夏が、そろそろ終わるのを感じる。わたしはむしょうに寂しくなって、箱を閉じながら心の中でつぶやいた。

「ひと夏遊んでくれて、ありがとう」

〔12〕
ゲンゴロウ
黒光りの誘惑

源五郎

甲虫目（鞘翅目）オサムシ上科の複数科にわたる種の総称。水田や湖沼に住み、昆虫や魚の死骸を食べて水草の茎に卵を産む。幼虫は細長い姿で生餌しか食べず、成熟すると岸に上がって土中に繭を作り羽化する。各地で減少し、絶滅が危惧されている。

自在源五郎〈雄〉
〔銅、ブロンズ、真鍮〕
満田晴穂 Haruo Mitsuta

盗られなかった「名人の網」

福島県いわき市の小名浜港に建つ、まるで現代美術館のような建物。水族館「アクアマリンふくしま」だ。巨大なガラスで囲まれた館は脆そうにも見えるが、あの東日本大震災の揺れを受けても大きな損傷はなかった。しかし、押し寄せた津波で1階と地下が浸水し電力の供給が停止したため、大型の海獣類などほかの施設に避難できたものをのぞいて、約20万匹いた海洋生物のほとんどが死滅した。震災の約4カ月後にあたる2011年7月の営業再開は、一刻も早く甦った水族館を見せたいという関係者の死に物狂いの努力によるものだった。

さて、そのアクアマリンふくしまに、平澤桂さんという一人のゲンゴロウ大好き職員さんがいる。海獣や深海生物に心を配りつつも、適当な水槽に空きが出ると「死んじゃったトウキョウサンショウウオの水槽、ゲンゴロウ入れていいですか?」とすぐゲンゴロウを投入しようとする要注意人物だ。

震災当時、来館者にも職員にも怪我がなかったのは不幸中の幸いだったが、平澤さんの車は津波で流されてしまった。見つかったときには窓が割られ、ガソリンも抜かれていたという。

平澤さん「でも、いちばん大事なものは盗られずに残っていたんです」

メレ子「そ、それは一体……」
平『名人が作ったゲンゴロウを掬うための網』です！」
メ「誰が盗るかそんなモン!!」

というわけで、今章の主役は水生昆虫である。

タガメ、コオイムシ、ミズスマシ……名前は知っていても、パンをくわえて道でぶつかるような偶然の出会いはほぼ期待できない水の中の虫たち。彼らの暮らす水田や湿原は、加速度的に面積を減らしている。平澤さんに「とにかく水生昆虫を特盛りで見たいのですが……」というぶしつけにもほどがあるお願いをしたところ「それでは、福島県の水生昆虫に関するレッドリストの調査についてきますか？」と同行を許してくれた。

あこがれのウェーダー

10月初旬の土曜日朝9時過ぎ、ＪＲ磐越西線猪苗代駅の改札口に迎えに来てくださったのは平澤さん、福島虫の会の水生昆虫屋である吉井重幸さん、そして虫の繭ばかりを集めた珍書『繭ハンドブック』（文一総合出版）の著者・三田村敏正さんだ。我々４人を乗せた車は、さっそく今日の調査地である猪苗代湖畔へ向かった。

車を降りると、「それではまずこれを履いてください」とフニャフニャしたものを渡される。

メレ子「こ、これが……あこがれのウェーダー！」

ウェーダー（胴長）は、ゴム長靴とツナギがひとつになったような防水性の作業着だ。渓流釣りなどをする人がよく履くものである。トンボの章で尾園さんがウェーダー装備で胸まで池にハマってトンボを撮っているのを見てから、ひそかに夢の「プロっぽいアイテム」と目していた。

吉井さん「で、網はこのいちばん短いのが扱いやすかろうね」
メレ子「こ、これが……『名人が作ったゲンゴロウを掬うための網』!!」

名人というのは、実は吉井さんのことである。網をよくよく見てみると、枠は熱で再成型したビニールパイプが連結された台形で、いかにも湿地で扱うのに具合がよさそうだ。柄も伸縮するようになっている。網もほどよく目が詰まったものを、立体的にはぎ合わせてある。

平澤さん「網の部分は吉井さんの奥さんが作られてるんです」
吉井さん「破れたら、テーブルの上に黙って置いておくと翌朝には直ってる」
メレ子「ちゃんと頼みましょうよ」

憧れのウェーダーを装着し、真剣に網の中を見つめるメレ山

市販品は網の強度が低かったり目が粗すぎたり、全体として重すぎるなどの欠点があるため、使いやすさを自作で追求していった結果こうなったのだそうだ。虫と長年付き合ってきた人の虫を扱う手の動きに見とれてしまうことがよくあるが、フィールドで使いやすいように工夫を重ねた道具も目に心地いい。「今では自分でも作れるけれど、代わりがあるものではないので」という平澤さんの言葉も頷ける。

さらにウェーダーの胸につける虫などを入れるケースも貸してもらい、装備万全で湿地に入る。教わるがまま前後にゴシャゴシャとかき回して、柄と網の連結部分に負担をかけないよう水平に引き寄せる。網の中は、泥や水草にまじってうごめく水生昆虫パラダイスだった。

まず目につくのはオオコオイムシだ。ミズカマキリやマツモムシもいる。網を入れさえすれば何かしら生きものが入ってくるのが楽しくて、へっぴり腰でシュッシュッと網を動かしながら深みにはまっていくわたしに「メレ山さん、そこ危ない〈※1〉ですよ」と教育的指導が入る。

「子負い虫」の名前のとおり、コオイムシは卵を背中におぶって世話をする。メスがオスの背中に産みつけた卵を、オスが守るのだ。オスは複数のメスの卵を一度に育てることも多く、水面を叩いて「俺の背中は広いぜ」とアピールするという。

コオイムシの近縁種で水生昆虫の王様として知られるタガメも、オスがメスの産んだ卵を守るのは同じだ。逆三角形のサングラスみたいな眼、鋭い鎌、そして刺し口。水生のカメムシ目の仲間は概して凶暴なイメージだが、こうしてお父さんががんばって子を守る虫もいるのである。ただし、オスがメスの卵塊を大事に守っているところにほかのメスが「そんな女の卵を世話するのはやめてアタイの子を育てなさいよ」と卵塊を壊しに来る〈※2〉こともある。こうなるとメス

※1　実はウェーダーは転倒して水が入ってくると動けなくなるため、非常に危険な装備なのだ。過去の死亡事故に鑑みて、使用を禁止している大学まであるという。「みなさん、わたしが転ばないようによく見てててください……わたしの粗忽さをナメないでくださいよ……でももし溺れたら、今までなかなか楽しい人生だったし楽しみの中で死んだのであまり悲しまないでほしいと皆に伝えてください……」と、迷惑きわまりないプレッシャーを周囲にかけながら活動させてもらった。

※2　先日ネットで「タガメ女」という言葉を目にし、「恋敵の子殺しとは……人間界では重罪なのに、末法の世もここまで来

より体の小さいオスは為す術もない。

余計なことだけを考えながらふと網を伸ばし、ちょっと遠くのヒシの葉の下を掬ってみる。手元に引き寄せた網の中に、今までと違う大きくて丸いシルエットが！　歓声を聞いて駆けつけた三田村さんが「メレ子さん、やりましたね！　ナミゲンゴロウですよ」と宣言した。

正直言って悪どい顔の水生カメムシと比べると、なんとも間の抜けたお大尽顔のゲンゴロウ。わたしは胸につけたプラスチックケースにゲンゴロウをしまいながら、家を出るときに抱いた「今日は家に虫を持って帰らない」という決意がもろく崩れ去るのを感じていた。

10月の福島は肌寒く、ときおり小雨もぱらつく。湿地を眺めているとすべてのものの色がしっとりと深く、秋の訪れがいやでも感じられて切ない気持ちになった。しかし、秋に新成虫になるゲンゴロウのほかにも、わたしを驚喜させる秋の実りがある。

メレ子「アケビーー！〈※3〉　アケビがなってますよー!!　ホッホォー!!」

つるについたアケビの薄紫色の房は熟すと自然に割れ、中には白く甘い果肉と無数の種が入っている。ひさしぶりの再会に気をよくしたわたしは、ビニール袋いっぱいのアケビをお土産にした。同時に「この辺の放射線量は今は問題ないはずだけど、気にする人には勧めないでね」という言葉に、土地のものを人に勧めるのにこんなひと言を添えなければならなくなった悔しさを思ったのだが。

たか」と思ったが、単に「タガメ女＝男からすべてを吸いつくす女」という意味のようで安心した。それなら肉食性のカメムシ目ならだいたい当てはまりそうで、「ヨコヅナサシガメ女」でもなんでもいいのである。

※3　子供のころ、アケビを採るのが好きすぎるわたしを見かねた親が日本直販のテレビショッピングで「高枝切りばさみ」を買ってくれた。それまでは釣り竿に針金の輪をつけたもので細々と採っていたが、果実を落とさず採れる高枝切りばさみは、家内制手工業から工場制機械工業への転換にも匹敵するエポックメイキングなツールだった。

ただひとつの誤算は、簡単かつ大量に採れるアケビは思ったほど美味しくなかったことだ。アケビの種を庭に吐き出しすぎて、口がだるくなった。アケビバブルは工業化によってあっけなく崩壊した。

網の中に入ったマツモムシ。「一人で行くと夢中になって、熊が寄ってこないように音を立てるのを忘れてしまうから……」と、吉井さんの網には招き猫の鈴がついている。なるほど、網をずっと使っている人にはこれがいちばん合理的だ

ストイックな調査

「さて、どら焼き屋さんに寄っていきますか」

「えー、でもどら焼き屋を回るとあのスポットにはだいぶ遠回りじゃない？」

「西回りで行ってあの店のアイスを食べるという手もあるよ」

「アイス……アイスは重要だよね……」

甘党の平澤さんと三田村さんは、より効率的に美味しいものを摂取できるコース取りに余念がない。もっと過酷な環境も覚悟して来たのだが、ここだけ聞くと完全にグルメツアーだ。

次に向かった「絶対に絶対に秘密のスポット」では、ガムシも見つけることができた。紡錘形のラインにしっとりした光沢と、ミシン目のような翅の細かいラインがおしゃれだ。灯火に飛来する習性があり、むかし夜のキャンプ場でメスのカブトムシと思って集めた虫が朝見たらガムシで驚愕したのを思いだす。

それにしても、水生昆虫の仲間はみんななめらかな流線形で肢の推進力も強く、ことごとく手で持ちにくい。水生昆虫の持ちにくさに困っているのはわたしだけでなく、当の虫たちも同様らしい。吉井さんが捕まえたナミゲンゴロウのオスには、前肢にハマグリのような吸盤〈※4〉がついている。この吸盤で、交尾の際はメスの背に自分の身体を固定するのだそうだ。

※4「タガメ女」がアリなら、粘着質な男性のことを「ゲンゴロウ男」と呼んでもいいのではないだろうか。わざわざ昆虫の分類を介してまで、人をカテゴライズする必要があるのかは疑問だが……。

吉井さんは続いて、この場所を絶対の秘密たらしめている存在であるコバンムシも見つけてしまった。東日本では特に希少な水生カメムシで、環境省レッドリストで絶滅危惧ⅠB類（＝近い将来における野生での絶滅の危険性が高いもの）に指定されている。といっても、ナミゲンゴロウも国レベルでは絶滅危惧Ⅱ類（＝絶滅の危険が増大している種）だ。こちらは逆に東日本に多産地があるものの、東京都・神奈川県・千葉県などではすでに絶滅している。水生昆虫を取りまく環境はとても厳しい。

珍品を次々に見つけてしまうだけあって、吉井さんの網さばきは只者ではない。どのポイントに行っても誰よりも早く網を入れ、誰よりも遠くまで行き、誰よりも長く水に浸かっている。そういえば夏の冬虫夏草調査のときも、川原で座って昼ごはんを食べている一行をよそに、片手でサンドイッチを食べながら片手で網を使っていたのが吉井さんだった。ストイックというより、むしろ本当に水生昆虫が好きすぎる享楽家とお呼びしたほうがいいかもしれない。

専門家たちのお目当ては、大物といっても2、3ミリ大のゲンゴロウたちらしい。奥が深すぎる世界である。コガタ、ヒメ、ケシ、マメ……といった、小さいことを意味するあらゆる形容詞のついた種名がとびかう中、わたしはゴマ粒のようなゲンゴロウたちを見比べて「これみんなヒメマルカツオブシムシでは？」とぼやいていた。

ポイントを巡っていると、地元の人が車を停めて「何を採ってるの？　へぇ〜！　ゲンゴロウ！」と話しかけてくることもある。純粋な好奇心だけでなく、牽制でもあるのだろう。山菜泥棒や、同じ水生昆虫目当てであっても乱獲して売りさばこうと私有地に立ち入る業者もいる。

平澤さんたちのレッドリスト調査の腕章や、車の目立つところに置いている調査許可証はわたしにとっても非常にありがたいものだった。ナチュラリストとしてフィールドを楽しみつつも現在の環境を正確に記録するために動いている、各県のこういう人たちの努力があって、レッドリストが作られている。そう思うと、格付けの向こうにあるものが少しだけ見えてくる気がする。

土地勘のないわたしは全然わかっていなかったが、どうやら猪苗代湖を一周していたらしい。周辺の浅い湿地や水田を巡っていたので、ほとんど最後まで湖そのものを目にすることがなかった。会津磐梯山に雲とも霧ともつかないものがたなびいて、晴れた日には見られない凄みのある景色になっていた。

最終的に小さなタッパーに入れたゲンゴロウのオスとメス、山盛りのアケビ、どら焼きなどを抱えて戻ってきたわたしは、約束があったので新宿ゴールデン街のビストロに向かった。お友達に戦利品を見せびらかそうと思ったのだが、ゲンゴロウは「水の中にもゴキブリみたいな虫がいるなんて……もはや人類に逃げ場は残されてないのかな」、アケビは「この白い甘いところが巨大な虫っぽい」と散々な評価……。

しかしマスターは「おっ、アケビだね。俺の地元（山形）では、皮を味噌炒めにするんだよ」と言い、あっという間にオシャレな料理に変身させてくれた。これは子供のころは知らなかった味だ。皮もナスのようで意外といけるアケビを嚙みしめながら、楽しかった一日が終わった。

黒光りの一味

水生の昆虫を飼うのははじめてだ。プラケースにゲンゴロウのつがいを入れて飼いはじめたが、いきなり数日でオスのほうが死んでしまった〈※5〉。虫に与えるために虫を殺すこともあるし、完全に感情移入しているわけではないが、ゲンゴロウの愛らしい動きにはすっかりまいってしまっていたので悲しかった。ゲンゴロウの寿命は3年ほどと長く、吉井さんは5年も飼育したことがあるという。そんなに長く生きられるものを不注意で死なせてしまったというのも、また申し訳ない。あわてて水草を排除したからか、今のところメスのゲンゴロウ・波子は元気そうにしている。とはいえ、

メレ子「ただいま〜。元気にしてた?」
波子「ギャーッ! この世の終わりや!(ゴンゴンゴンゴン↑ケースにぶつかる音)」

というコミュニケーションのため、課題は多いのだが……。

水槽に入れて横から見るといっそうかわいらしい。あわてて水に潜ったときに泡が目元についているのが、カプチーノの泡を鼻の下につけているドジッ子を彷彿とさせてかわいい。羽ペンの

※5 定期的に陸に上がって甲羅干しをするため流木などが必要なのだが、調子に乗ってこれも隠れ場によかろうと入れた水草に農薬が残っていたのではないか、とあとでツイッターで教えてもらった。

ニボシにかぶりつくゲンゴロウのオス「タガメ」（ややこしいが名前）。死んでしまったオスのかわりに平澤さんがくれた個体。平澤さんは黒光りの一味の惣領らしく、どうやらわたしにゲンゴロウをつがいで飼わせて繁殖までさせようと考えているフシがあるのだが、今のところは横長の水槽にセパレーターを入れて別々に飼育している

ような長い後肢を、水に浮いたまま前に回してゴシゴシ掃除しているところもかわいい。

オスには吸盤がついているという話を書いたが、メスの背中はガラスの細かいひび割れのようにザラザラしている。オスの吸盤でくっつかれるのを避けるために進化したのだ〈※6〉。オスとメスで交尾の優位性を争う、性的対立のひとつだ。ゲンゴロウの世界も過酷である。


現在のわたしの目標は、波子になついていただくこと。もちろん波子は昆虫なので親愛の情などは持たないのだが、金魚のように条件づけをすることで、いずれ近づくだけでエサくれダンスをするようになるという。

波子に与えるため、アジやマグロを買う頻度がずいぶん上がった。波子がアジの切り身、わたしがアジのなめろうを二人で仲良くつつける日が来るまで、存分に甘やかしていく所存だ。


アクアマリンの平澤さんは職場でも後進の育成に余念がなく、ゲンゴロウ好きな「黒光りn号」と呼ばれる後輩をすでに5号まで育てているらしい。わたしも知らぬ間に、黒光り6号として洗脳されている可能性がある。

しかし「あのかわいい生きものがいなくなると寂しい」という親しみの気持ちがない人に、絶滅危惧や保全の話をしても効果は薄いだろう。このまま順調に洗脳が進み、日本全土が一億総黒光りになれば、波子たちの生息地がこれ以上減るのを止められるかもしれない。ゲンゴロウを掬うための名人の網が奪い合いになるような、そんな日がやって来るかも……あなたも今日から入りませんか、この黒光りの一味に。

※6 別種で実証した論文が2013年に発表されている。
rsif.royalsocietypublishing.org/content/10/86/20130409#

〔13〕
クマムシ

最強生物を商う男

熊蟲

昆虫とはまったく異なり、クマムシのみで緩歩動物門を構成。地球上のあらゆる場所に生息する。周囲が乾燥してくると、一時的に樽型の無代謝状態（乾眠）になる。これによって、高温・低温・高圧など様々なストレスへの耐性をも獲得した。

クマムシさん ぬいぐるみS、L
〔コットン、ソフトボア、ゆるさ〕
打田由起子 Yukiko Uchida、泉本桂奈 Kana Izumoto、
堀川大樹（クマムシ博士）Daiki Horikawa、株式会社タルディ TARUDI

ネムリユスリカの復活

ある昆虫をビジネスにすることで、その保全につなげたいと考えている研究者がいる。

わたしは茨城県つくば市にある独立行政法人・農業生物資源研究所（生物研）の一室のイスに座ってキョロキョロしていた。「昆虫機能研究開発ユニット」という何やら難しい名前の研究室だ。物腰やわらかく口ひげをたくわえた乾燥耐性研究グループの奥田隆博士が、モニターの準備をしてくださっている。横のイスには、このインタビューを仲介してくれたバッタを研究している佐伯真二郎さん。生物研で、奥田さんのお隣の研究室に所属している。

モニターに、光を当てられて輝くシャーレの世界が映しだされた。シャーレの上には、くちゃくちゃに丸まった乾し肉のようなものがある。

奥田さん「乾眠状態のネムリユスリカの幼虫です。水をかけたから、20分ほどで戻ります」

奥田さんの言葉通り、数分すると乾し肉にゆっくりと生気が宿りはじめた。鯖折りになっていた体が伸び、頭と尾がわかるようになる。口にポツンと丸い泡がともっているのは、乾燥時に体内にあった空気が出てきたらしい。頭の眼点が見えだすと、一気に親しみが持てる顔になった。

凝縮して濃い赤色に見えていたヘモグロビンが張りを取り戻した体に拡散して半透明のピンクに輝き、20分後にはピコピコと動きはじめる。ネムリユスリカが、乾眠（クリプトバイオシス）〈※1〉から目覚めたのだ。

人間は眠らなければ生きていけない。わたしなどは許されるなら1日の半分は布団の中でゴロンゴロンしていたい。ゾウムシやタマムシなど、昆虫の仲間には驚かせると死んだふりをするものも多い。俗に擬死（ぎし）と言われる現象だが、これは狙ってそうしているのではなく、一時的に体が動かせなくなってしまい、自ら制御できないようだ。哺乳類や鳥類の一部は、エサの少ない厳寒期を乗りきるために冬眠する。冬眠中のクマは代謝を下げ、冬眠のあいだ、摂食や排泄をしない。

乾眠は、これらの睡眠・擬死・冬眠のいずれとも違う。無代謝の休眠状態なので、呼吸などの通常生命維持に必要な活動も停止しているし、乾眠できる期間も冬眠よりずっと長い。ネムリユスリカは、乾眠を行う生物の中ではいちばん大きくて高等な生物なのだ。

ユスリカの幼虫はいわゆる「赤虫」、成虫は「蚊柱（かばしら）」と呼ばれるあれだ。ユスリカは世界に10000種、日本にも2000種ほどもいて、幼虫は側溝や河川で、ボウフラなどのようにピコンピコン跳ねまわっている。幼虫を乾燥させた「乾燥赤虫」が金魚のエサなどとして売られているが、あれは乾眠ではなく普通に死んでいるので、水に入れても甦らない。成虫は小さなカのような虫だが人を刺すことはなく、川原で交尾のために群舞して蚊柱を作る。

※1　クリプトバイオシス（cryptobiosis）は「隠された生命活動」の意。無代謝の休眠状態を表す。乾眠はクリプトバイオシスの一形態であり、厳密にはアンハイドロバイオシス（anhydrobiosis）が乾眠に対応する言葉となる。

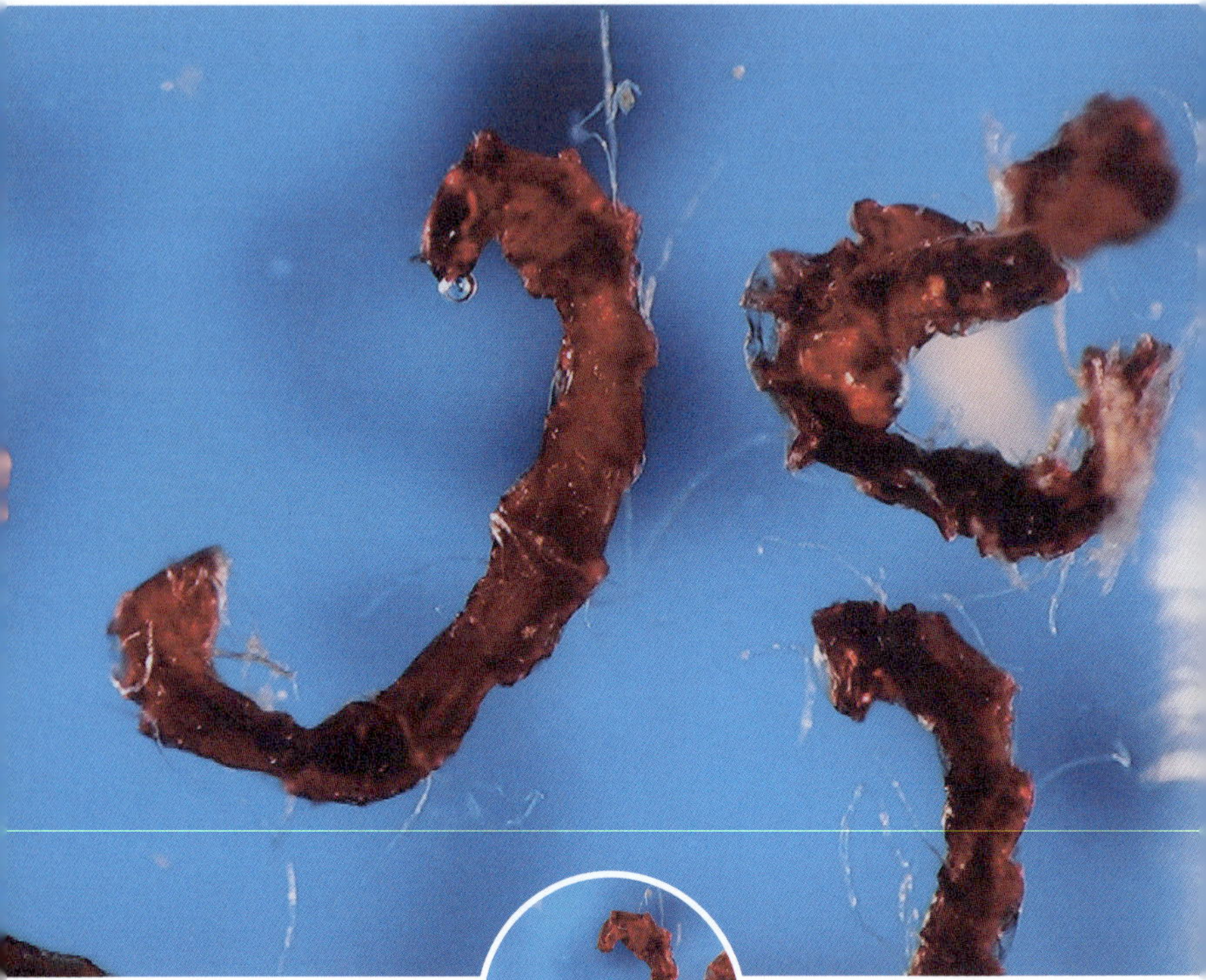

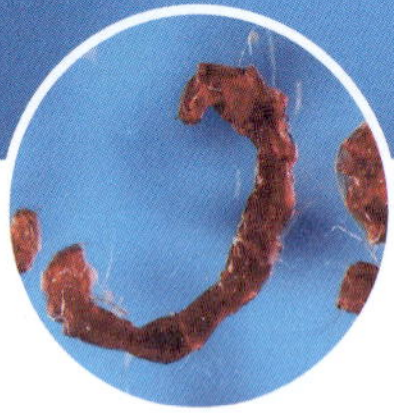

どう見てもビーフジャーキーのような状態からゆっくりと蘇生するネムリユスリカの幼虫（白い糸は、乾眠に入るときに使用した紙製シートの繊維）。蘇生した赤虫は眼点がつぶらで、なんだかかわいらしい顔！

夢のユスリカビジネス

ネムリユスリカの故郷はアフリカ大陸だ。ナイジェリアやマラウィなどの4カ国で、生息地が知られている。そこは、1年のうち8カ月は雨が降らない半乾燥地帯。砂漠などの乾燥地帯では、昆虫は外骨格を厚くするなどして体を乾燥から守るのが普通だ。甲虫のような装甲を持たないネムリユスリカの成虫は雨季に交尾し、岩盤のくぼみにたまった水たまりに卵を産む。幼虫が孵化して、間もなく乾季が訪れる。幼虫は泥の中に潜るが、水たまりはじわじわと乾いていく。

幼虫は約48時間〈※2〉かけて、乾眠に入る。「まわりがなんか乾いてきたな」という環境ストレスを感じると、体の中で糖の一種であるトレハロースを急速に合成する。乾眠の仕組みは完全には解明されていないが、このトレハロースがガラス化するために、細胞の構造を水飴のように保護することができるため、乾眠が可能になるのではと言われる〈※3〉。次の雨季がやってくるまで、もし干ばつなどが起きればさらに環境が良くなるまで、文字通り「果報を寝て待つ」ことができる。常温で17年以上、乾眠していられる〈※4〉というからすごい。人類が夢見るコールドスリープの世界だ。

乾眠状態は乾燥だけでなく、高温・低温・放射線といったさまざまなストレスに強い。ネムリユスリカは2007年、宇宙船プログレス号に乗って国際宇宙ステーション(ISS)に行った。

※2 これより短い時間で急激に乾燥させると死んでしまうので、奥田さんは研究室ではタコヤキ器のようなくぼみがついた紙のシートにユスリカの幼虫たちを並べ、湿度を保ちながら徐々に乾くように調整していた。

※3 そのほか、トレハロースが水分子に置き換わって細胞を保護するという「水置換説」もある。

※4 17年後に水に戻したら蘇生したという記録があるため、さらに長い期間——たとえば50年後に水に戻しても蘇生する可能性は否定できない。

カプセルにセットされ、最長2年半宇宙空間に曝露されたのだ。宇宙ステーションは地球のまわりを1日に8周しているので、90分ごとに昼と夜をくり返し、およそ100℃とおよそマイナス100℃〈※5〉のあいだを行き来する。宇宙線にも絶えず曝され、回収されたカプセル内のプラスチック容器は溶けてくっついていた。これはもうダメだろうと思われたが、容器から回収できたネムリユスリカを真水に浸すと見事に復活したのだ。

ネムリユスリカの乾眠機能を人体に応用できればものすごい技術革新になることは間違いないが、奥田さんはそれとは別に、彼らを保護するためのビジネスモデルについて考えている。

奥田さん「ネムリユスリカの生息する花崗岩の岩壁が現地の人々によって破壊され、採石場になったり、岩盤の上に住宅が建ったりしています。現地の人々はネムリユスリカの存在を知りませんので、まったくの無実なのですが……今後の研究のためにもちゃんと保全していきたい。ネムリユスリカでお金を稼げるようになれば、みんなネムリユスリカを育てたくなる」

メレ子「ネムリユスリカがお金を……？」

奥「ナマズの稚魚のエサにするんですよ。ナマズは今や世界の胃袋を支える魚なんだけど、養殖にあたって困るのが、稚魚は生餌しか食べないんです。でもネムリユスリカなら乾眠させて長距離輸送して、復活させてから与えることができる」

メ「そうか! ナマズの稚魚を捕ってから養殖していた人も完全養殖ができるから、ナマズ資源にもいい影響がありそうですね」

※5　熱を伝える空気がないため、宇宙空間の正確な温度（気温）を測定することは難しいが、いずれにしても非常に過酷な環境である。

今後の実用化に向けては課題も多い。ネムリユスリカを一度で大量に乾眠させることができなければ安定供給は難しい。

奥田さん「フーディア問題〈※6〉のように、最終的に生息地の人たちに利益が還元できないと意味がない。性急に進めれば、逆に乱獲が起きることだってありうるから、慎重に進めています」

正直、これまで昆虫とビジネスを結びつけて考えたことなんてなかった。日本でも、例えばこれまで経済活動として成り立ってきた農業などが廃れることで、昆虫が地域絶滅するケースがたくさんある〈※7〉。逆に「ビジネスにしてしまえば保護ができる」というのは、すごく新鮮な考え方だった。奥田さんのご苦労は多いのだろうが、ぜひ成功させてほしい。

最強生物!? クマムシ

乾眠する生物には、ネムリユスリカのほかにワムシやセンチュウ〈※8〉の仲間が知られる。カブトエビは卵のときだけ乾燥休眠ができるので、水をかければ飼育がはじまる「シーモンキー」

※6 アフリカのサン族は、フーディアというサボテンを食べると食欲が抑えられることを知り、伝統的に利用していた。研究が進んでこのフーディアから食欲抑制成分を抽出することができるようになり、夢のダイエット成分としてイギリスの製薬会社による知的ライセンスの囲いこみが行われたことに批判が集まり、現在ではサン族に利益配分されることになった。他国の遺伝資源を利用する際に起きうるトラブルのモデルケースとなっている。

※7 草刈りや田の水入れなどを再現する保全活動を行っている人たちも多く、その地道な活動には頭が下がる。

※8 センチュウ（線虫）は、ひも状をした微生物。後出するクマムシ研究者堀川さんからは「クマムシと違ってあまりかわいくないので研究対象にする気がおきない」と、そっけない扱いを受けている。

として、飼育キットが市販されている。彼らの中でも、近年特に人気者となっているのがクマムシだ。緩歩動物門という分類に属する微生物の仲間である。

かんぽ　かんぽ　緩歩動物
最強アニマル　クマムシさん
ぱくぱく　ぱくぱく　ぱくぱくまむし
クロレラ　イーティング〜♪

女性の澄んだ歌声とウクレレの心地よいメロディー、そして謎の歌詞。パリ第5大学に籍をおく（2013年取材時）クマムシ研究者の堀川大樹さんが作詞した「クマムシさんのうた」だ。奥田さんがネムリユスリカを生かすためにビジネス化を考えているのに対し、堀川さんはクマムシをキャラクタービジネスにすることで「研究者としての自分」を生かそうとしている。

2013年9月、一時帰国した堀川さんと渋谷のハチ公前で待ち合わせた。堀川さん主催のクマムシ観察会で、1日押しかけ助手を務めさせてもらうのだ。

メレ子「ハカセ！　まず何をすればいいですか！」
堀川さん「本日の観察会用のクマムシのいるコケを採集します。うーん……でもハチ公は綺麗すぎてコケが生えてませんね……モヤイ像に行ってみますか」

渋谷駅西口にまわり、モヤイ像の鼻の下に少しだけ生えているコケを「これはいなそうだけど……」と呟きながら薬さじでこそげ取り、封筒に入れる堀川さん。続いてスクランブル交差点を渡り、渋谷の街を歩きだす。

メレ子「ハカセ、クマムシのいそうなコケって見てわかるんですか？」

堀川さん「クマムシのいそうなコケの生えてそうな場所もわかりますよ。そうですね……このままあと40メートルくらい行くといいコケがあると思います」

西武百貨店の前を進み、マルイの向かいの路上。堀川さんの言ったとおり、ブロックの割れ目からモコモコした緑色のコケが顔を出しているではないか！

メレ子「せ、千里眼……？」

堀川さん「フフフ……、コケはホコリなどがほどよくたまる場所に生えやすいんですよ。渋谷駅前はさすがに清潔すぎますが、駅から離れるにつれて路面がいい感じになってきたので、そろそろコケが出てくると予知したんです。そのコケを採取してみてください」

メ「ハカセー！　人の髪の毛やら何やら吹きだまっててめっちゃバッチイです！」

堀「フフフ……そういうコケにこそクマムシがいるんだよ」

渋谷の街でクマムシのいそうな汚いコケを採取する助手メレ山（提供：堀川大樹さん）。このあと露天商の外国人男性が面白がって寄ってきて、堀川さんが英語でクマムシのすごさを披露するも男性はまじめに聞いておらず、薬さじを持ったまま固まるメレ山に「そのコケ食べてみたら？」と提案してきた

採取したコケを、クマムシファンの集まる観察会で見ることになった。コケにスポイトで精製水をかけて崩し、1時間ほどおき〈※9〉、乾眠状態から復活したクマムシが出てくるのを待つ。

この日集まったのは、堀川さんの有料メールマガジン「むしマガ」〈※10〉を購読するコアなファンが20名ほど。出てくる質問も「下水処理場の活性汚泥にもクマムシがいるそうですが、特別な浄化の働きをしているのか?」など、レベルが高いものばかりだ。むしマガではクマムシの話題だけでなく、巷を騒がすライフサイエンスの話題について研究者視点で解説したり、研究者を目指す読者の質問に回答するなど、研究者の堀川さんならではの内容〈※11〉を発信している。

頃合いを見計らって、コケの入ったシャーレを双眼実体顕微鏡でのぞいてクマムシを探す堀川さん。慣れないとかなり手間取りそうな作業だ。しかし数分もすると「いた!」と言ってガラススポイトでクマムシを吸いとり、別のシャーレに集めて見せてくれた。

顕微鏡をのぞくと、半透明のフヨフヨしたものがいる。通称「シロクマムシ」と呼ばれるクマムシだそうだ。その後、大型のオニクマムシも新たに見つかった。クマムシが出てきたのはモヤイ像のコケではなく、やはりクマムシ博士が予言した、あの髪の毛まみれの汚いコケからだった。

大都会・渋谷の雑踏に生えたコケで自然観察会ができるなんて、なんとも粋だ。クマムシは大都会だけでなく、深海底から高山帯までいたるところに生息している。そしてストレスを感じて乾眠状態になったクマムシは、100℃の高温・マイナス273℃の低温・高圧・真空・紫外線そして放射線〈※12〉などの責めに耐えることができる。近年「最強生物」というコピーと共に紹介されることも多く、変わった生きもの好きには大人気だ。

※9 本来は10時間ほどかけるのが望ましいそう。家などで実験する際にはひと晩おくとよいだろう。

※10 むしマガ
(www.mag2.com/m/0001454130.html)

※11 研究室内恋愛を描いた救いのない結末の小説の連載がいきなりはじまることもあり、油断できない。前編が来たあと、後編を待っていたら「中編」が来たのでズコーとずっこけた。さらに後編を待っていたら「後編その1」が来た。どれだけ筆が乗っていたのだろうか。

※12 7000グレイのガンマ線に耐えられる。これは人の致死量のおよそ1000倍にもあたる。ただし、放射線については実は乾眠していない状態のほうが耐性が高い。

真の最強生物

ゆるキャラ「クマムシさん」のモデルはメスのヨコヅナクマムシ〈※13〉だ。堀川さんが札幌市の豊平川にかかる橋のたもとで採取し、飼育系を確立したクマムシである。

学生時代から重度の中二病に罹患（りかん）していた堀川さんは、クマムシの姿かたちの愛らしさや極限環境耐性に魅了される一方で、クマムシ研究者が非常に少ないことを知り「これはやるしかないでしょ！」とクマムシ研究の世界に飛びこんだ。

しかし、みんながやっていないことにはそれなりの理由があった。そのひとつとして、飼育の難しさが挙げられる。クマムシ研究の大家・鈴木忠さんが確立されたオニクマムシの飼育法に則り、肉食のオニクマムシに与えるエサのワムシを繁殖させるところからはじまって1日16時間顕微鏡をのぞく生活を続けた結果、堀川さんは吐血して倒れてしまった。そこでほかのクマムシも含めてあらゆる方法を試し、ヨコヅナクマムシが奇跡のように特定のメーカーのクロレラ〈※14〉のみを餌として生育することを発見した。飼育系の確立により、クマムシにさまざまなストレスをかける実験で個体が生き残ったかどうかだけでなく、寿命が縮まったか、繁殖能力に変化が生じていないかなどを調べることができ、実験からより深い知見を得られるのだ。

※13 実はヨコヅナクマムシにはメスしかおらず、交尾せずに1匹で子供を産む。堀川さんによれば、たまに顕微鏡をのぞくとクマムシたちが集会のように近い場所にいることがあるらしいが、それが繁殖やコミュニケーションに役立つ行動なのかはまだ不明だという。

※14 クロレラは微小な球形の単細胞藻類。たんぱく質などの栄養素が豊富で、乾燥させたものが健康食品として用いられる。クマムシには、オニクマムシのような肉食性の種と、ヨコヅナクマムシのような草食性のものがいるのだ。

堀川さんは、研究者が国に頼らずに研究費を得るための試みとして、「クマムシさん」のプロデュースや有料メールマガジンの発行を行っている。自然とスキルのある人が堀川さんのまわりに集まり、イラスト化やぬいぐるみ化が可能になった。「むきゅーん」というかわいい鳴き声を持ちながら、時にクマムシ党総裁としてネクタイとカツラ姿で登場し「ストレス社会を生きるコツ」について政見放送するなど、クマムシさんのTwitterでのキャラクターは丁寧に作られたものだ。最初は夢物語としか思っていない人も多かったと思うが、地道な活動は実を結んできている。２０１４年４月から、クマムシさんはクレーンゲームの景品として全国に登場する予定だ。

生物の基礎研究は、お金やビジネスからは縁遠いもののように言われることが多いが、「乾眠人間」製造技術が発明されれば有りあまる富を産むだろう。そういった技術も、気の遠くなるような基礎研究の石を積んだ果てにあるものだ。

奥田さんと堀川さんの試みのどちらにも共通しているのは、研究対象についてのビジネスでお金を得るだけでなく、本来関わりのなかった人たちを科学に巻きこもうとしていることだ。アフリカの人たちが、自分たちの住む土地の貴重な生物資源にきちんと向き合えるように。または、クマムシを介して基礎研究の大切さや面白さが一般の人にも伝わるように。ぜひお二人にはガッポガッポと儲けていただき、そのお金で研究所を設立して、人類の未来をもっと面白くしてほしい。死にとてもよく似たクリプトバイオシスから甦るユスリカやクマムシもそうだが、謎を求めて極限環境に突き進んでいく研究者こそ、人類の叡智を結集した最強生物なのかもしれない。

クマムシさんのモデル、ヨコヅナクマムシ（提供：堀川大樹さん）。ムクムクとしたコッペパンのような容姿、たしかに今にも「むきゅーん」と言いだしそう……

〔14〕

バッタ

「バッタ者」はなぜカブくのか

バッタ面
〔トノサマバッタのフン〕
佐伯真二郎　Shinjiro Saeki

蝗虫

バッタ目（直翅目）・バッタ亜目に属する昆虫の総称。幼虫から数回の脱皮を経て成長する。後脚が発達し、高い跳躍能力を持つ。一部の種は、一定の環境下で移動に適した特徴を持って生まれ、長距離を大群で飛行して農作物に被害を与えることがある。

マダガスカルで会ったバッタ

車はマダガスカル南部の乾燥地帯を、ベレンティ自然保護区に向かって走っていた。空港から3時間の道のりは決して楽ではないが、道端のサボテンや多肉植物などが目に楽しい。それにドライバーは、車を走らせながらカメレオンを見つけてくれる動体視力の持ち主だ。かろうじて舗装されているが、車がこの道を走るのは日に十数台というところか。田んぼで働く子供たちが、いちいち手を止め「バザー!!（外国人ー!!）」と呼びかけてくる。

葉っぱのミノをつけたたくましい男たちが、バチャバチャと水牛を追いまわしながら楽しそうに水田を走りまわっていた。代掻き（しろか）きを兼ねた遊びなのか、それとも何かのお祭りか？　目を皿にしていると、男たちは「お前も混ざれよ！」と満面の笑顔で手招きするのだった。

街道には、車に撥ねられて死んだマダガスカルトノサマバッタの死体が点々と落ちていた。マダガスカル南部では数十年に一度、このバッタによる大規模な蝗害（こうがい）〈※1〉が発生している。訪れた翌年の2013年3月、マダガスカルでバッタの大群が稲や牧草を食い荒らし、国連食糧農業機関（FAO）が「およそ1300万人の生活に影響が出る恐れがあり、2200万ドルの緊急支援費用を要する」〈※2〉と声明を出した。

バッタの「相変異」は、干ばつなど厳しい環境への適応方法のひとつと考えられる。ふだん

※1　ベレンティ近くの資料館では、バッタの群れの中でカゴを振る女性たちの写真が展示されていた。パネルには「マダガスカル南部では前回、1992年にバッタの大発生が起きた。女性たちはザルでバッタを採り市場で売った」とあった。

※2　なお、上の数値はあくまで緊急措置に対する費用のみであり、FAOは継続的対策として約41億円もの予算を投じ、マダガスカルのバッタ対策を進めている。

マダガスカル南部の乾燥地帯を走る道に落ちていたマダガスカルトノサマバッタ

は「孤独相」と呼ばれるおとなしい姿だが、個体密度が高まると別種と見まがう「群生相」に変化するのだ。群生相のバッタは身体の割に長い翅を持ち、群れることを好む。風に乗って日に数キロ～120キロほども大群で移動し、ふだん食べない植物まで食いつくすことが可能になる。相変異して蝗害をもたらすバッタ〈※3〉は、世界で複数種が知られている。

アフリカのバッタ問題は、植民地問題でもある。ヨーロッパ列強がアフリカを分割統治していたころは、イギリス主導で防除研究が進められた。しかし、アフリカ諸国独立後のバッタ防除は各国に委ねられることになった。早期発見して殺虫剤を散布するべきだが、多くの国はバッタの発生状況を監視する継続的な対策費用を予算に計上せず、手に負えない大発生になってから国連緊急支援を求める。年間数億円で済むはずの対策費用が対応の遅れで数十倍に膨らみ、それが20年に1回起こるとなると割に合わない。発生した地域がたまたま国境の紛争地帯だったために、誰も手が出せず対策が遅れることもある。貧困がより貧困を招いているのだ。

「自分もバッタに食べられたい」

ここに「愛するバッタの暴走を止めるため」、西アフリカの国土の90％以上が砂漠の国、モーリタニアに旅立った日本人の博士がいる。「バッタ博士」こと前野ウルド浩太郎氏をわたしがはじめて知ったのは、クマムシ博士・堀川大樹さんによる「バッタに憑かれた男」なるブログ記

※3　日本では明治開拓期の北海道でのトノサマバッタの大発生が有名だ。最近では2007年、関西国際空港の空港島という天敵のいない特殊な環境でトノサマバッタが大発生した。

事だった。それによれば、前野氏は幼いころ、観光客の女性が緑色の服を着ていたために不運にもバッタの群れに食べられてしまった〈※4〉という話を聞いた。彼はこのエピソードに並々ならぬショックを受け「自分もバッタに食べられたい」とバッタ研究者になり、アフリカに渡った。ミドルネームの〝ウルド〟は、モーリタニア国立サバクトビバッタ研究所の所長から与えられた尊称だ。読んだとき「欲望って人それぞれね～」と超他人事の感想を抱いたが、まさかこの被食願望博士と接近遭遇することになるとは思わなかった。

2012年11月、TRANS ARTS TOKYOというアートフェスの一画で「昆虫大学」を開催した。あらゆる虫の面白さを知る講師に集まってもらい、楽しみ方を伝授してもらうイベントだ。準備に追われていたある日、バッタ博士から突然「一時帰国と重なるので、ぜひ自分にもアフリカの虫民芸品を売らせてほしいッス」とメールが届き、よくわからないが面白いので参加してもらうことになった。実はハカセ〈※5〉の帰国は、著書の発売ともタイミングを同じくしていた。

メレ子「アフリカの民芸品を売るとか言ってる場合か！　本売れよ本！」
ハカセ「では、お言葉に甘えて出版社と著者在庫あわせて200冊持っていきますね」
メ「えっ……そんな大量に持ってきて大丈夫なの……」

しかし、バッタ博士は2日間の会期で170冊の本を売り上げ〈※6〉てしまった。昆虫大学がこの本『孤独なバッタが群れるとき　サバクトビバッタの相変異と大発生』(東海大学出版会)の初売りとなって、とても光栄だ。5行目から「自分もバッタに食べられたい」と書いてあって

※4　実際には群生相のバッタが人を食べるようなことはなく、食べられたのは緑の服だけだったと考えられる。

※5　数多の研究者をさしおいて「バッタ博士」あるいは単に「ハカセ」の愛称で親しまれているところに、ただならぬ実力を感じる。

※6　次々とハカセのファンが現れ、トイレに行く間もないほどの人気ぶり。しかしふだん砂漠で孤独相の生活を送るハカセは「久しぶりにたくさんの女子と絡める機会だったのに、匂いしか嗅げなかったッス……」と、本が売れたことを喜ぶ以前に本気で悔しがっていた。

すごく不安になるが、中身はとても真面目でエキサイティングな研究のお話だ。ハカセの研究対象はサバクトビバッタ。相変異するバッタの中でも最大種である。

はじめは昆虫研究者になりたいという夢だけがあった。卵の相変異への効果として業界の定説であった「泡説」を追試して疑問を持ち、海外のバッタ大家との壮絶な論文合戦がはじまる。モーリタニアでの調査を経て「実験室の中ではなく野生のバッタの姿から、彼らの真実を突き止めたい」とアフリカに渡るまでの研究者人生が綴られている。研究の進めかたがわかりやすく書かれていて、研究に関わったことがなくても夢中になれる。研究者としての将来への不安が生々しく書かれる一方、大学院生からポスドクになって収入増に浮かれ、新木場のクラブ「ageHa」に夜な夜な通う（しかし、朝にはバッタのエサ換えのためにつくばの研究室に戻る）など、人間らしすぎる描写も多々あり、ジャンルを超えた面白さだ。

「次はぜひ、サイン会だけでなく研究の話をしてほしい」という思いはすぐに叶えられた。「ニコニコ学会β」というユーザー参加型学会から、昆虫セッション「むしむし生放送」〈※7〉開催のお誘いを受けたのだ。2013年4月、セッションの登壇者としてモーリタニアの民族衣装で演壇にあがったハカセは、故郷の秋田弁で重々しく語りだした。

「孤独なバッタが群れるとき、あなたは何が起こるか知っていますか」

「バッタの学名はLocust、ラテン語で『焼け野原』。彼らが過ぎ去ったあとに、緑という緑は残りません。残るのは、人々の深い哀しみだけです」

中二病感のある語り口ながら、バッタの相変異の謎を解きたいという気持ちが伝わってくる。最後に流れた動画は、雲のようなバッタの大群に向かって、緑の全身タイツで走り出すハカセの

※7 セッションはニコニコ動画にアーカイブされており、現在も視聴可能。第4回ニコニコ学会β公式サイトからリンクされている。
niconicogakkai.jp/nng4/

※8 長さを計測するための測定器。遺伝子を調べるのが主流

姿。走りながら飛んでいるバッタを手づかみし、カメラに笑顔で差しだす。まだ食べられるわけにはいかない。俺（とバッタ）の冒険ははじまったばかりだから――前代未聞のプレゼンは割れんばかりの拍手で幕を閉じた。しかし、セッションの座長としてわたしは訊かずにおれなかった。

メレ子「前野さんはバッタが好きなんですか、嫌いなんですか？　愛しているようにも殺したいようにも見えるのですが……」

ハカセ「愛しすぎて殺したくなってるっていうか……」

メ（変態だ――――！！！！！）

そんな完全変態なハカセだが、ただ面白いだけのバッタ芸人ではない。ノギス〈※8〉だけを握りしめて砂漠に乗りこみ、ハイインパクトな雑誌に多数の論文を掲載していた。身銭を切りながら〈※9〉砂漠でバッタ研究を続けていたハカセだったが、倍率30倍の難関をくぐり抜け、京大白眉センターの特任助教というポストを得た。２０１４年4月から5年間は生活費を心配することなく、モーリタニアでの研究に専念できる。サバクトビバッタの砂漠での姿について、ハカセはこれからもいろんなことを教えてくれるだろう。

「面白がらせるときは全力で面白がらせたいけど、自分はあくまで研究者なんで。コスプレしたりみんなの前でフザけるときには『かわりに論文を一報出す』って自分と約束しているんです」

人気者になりすぎて大変じゃないですか？　と訊くとそう教えてくれたハカセは、砂漠の風を浴びてまた少し凛々しくなったみたいだ。

の生物学分野で、ハカセの研究スタイルは一見、アナログにも見える。しかし、尊敬するファーブルにも通じる徹底した観察は、モーリタニアに渡って最初の5日間のフィールドワークで2報の論文を科学誌に掲載するなどの快進撃につながっている。砂漠でバッタはどのように行動しているのか、どこで食べ、どこで眠るのか。砂漠でのバッタ観察は新しい知見の山なのだという。

※9　ハカセは独立行政法人「日本学術振興会」の特別研究員制度の海外PDという、2年間海外研究機関に派遣される制度（これも若手研究者にとって、かなりの狭き門）を利用してモーリタニアに渡った。この任期が切れたあと取得した研究費は、研究にのみ使えるが生活費は支給されないものだったので、身銭を切る生活だったのだ。ちなみにモーリタニアなら安く暮らせるかというとそんなことはなく、物流コストなどが高いため月10万円ほどは生活費が必要だったそう。

もう一人のバッタ博士

昆虫大学で、ハカセを介してもう一人のバッタ研究者に出会った。昆虫料理研究会の一員として昆虫料理を販売していた佐伯真二郎さんは、当時トノサマバッタの研究をする学生。前野ハカセとは兄弟弟子の関係だ。自家製のトノサマバッタのフリーズドライを味見させてくれた。

前野ハカセ「バッタ特有の臭みがないね〜」

佐伯さん「そうなんですよ、苦心しました〜」

メレ子（なんでこいつら、バッタの標準の味を知ってる前提の会話なの……）

佐「トレハロースと塩を加えました。獣肉にはブドウ糖、野菜にはショ糖、もともとの素材が持っている甘みを添加するでしょう。ならば虫には、虫が持つ糖質であるトレハロースですよね」

メ「この人、超論理的にだいぶ珍妙なこと言ってるー！」

佐伯さんはトノサマバッタの食性を研究するかたわら、昆虫の食利用にも興味を持っている。バッタの前はショウジョウバエを研究していたのだが、試験管の中で酵母とトウモロコシを寒天で固めたエサを食べ、爆発的に育つハエを見て「動物性たんぱく質としてほかの家畜よりも便利で効率的なのでは?」とひらめいた。しかし、効率だけでは食欲が湧かない。「なぜ虫を食べる気にならないのか」を調べようとしたが、いざ食べてみると美味しかったので早々に頓挫し、いまは昆虫の美味しく継続的な利用と普及について考えているという〈※10〉。

2013年5月にFAOが昆虫食に関する提言書を出し、話題になっている。英語の原文をひもとく勉強会を、佐伯さんにくっついて聴講した。ここでも佐伯さんの熱心さは群を抜いていた。

「FAOは昆虫の調理法として、『形を残したまま食べる』『すり潰す』『有効成分を抽出する』という方法を提言していますが……『アジア人はそのまま食べるが、すり潰しがおススメである』といった論調で、昆虫食を薦める態度としてまったく同意できません」

「『すり潰す』の例としてタガメ入りのチリペーストをあげていますが、これはタガメの洋ナシのような風味を調味料に添加するもので、そのまま食べるのが嫌なわけじゃない。不勉強です」

「『抽出』について、省エネルギー化の文脈なのに逆行している。どう考えてもハイコストで現実味がなく……」

穏やかなふだんの調子とはうって変わり、舌鋒するどい佐伯さん。実践家でもあり、「牛より高効率なタンパク源」としてのバッタが家畜化された際の廃棄物（フン）の利用も考えるため、バッタのフンから繊維を取り出し粘土と混ぜて巨大バッタ面を作成するというちょっと謎めいた活動も行っている。バッタから季節に応じて様々な糧を得る「バッタ農家の1年」を思い描いているのだ。彼のあらゆる活動は、人々が産業的・文化的な側面から虫に親しみ、「もっと昆虫基礎研究にお金が投じられる世の中になること」に収斂（しゅうれん）するのだという。

※10 佐伯さんの活動領域は全貌をとらえきれないほど広い。
①未開拓の「美味しい増やしやすい昆虫」の探索（ブログ「蟲ソムリエへの道」）
②昆虫食のサブカルチャー的側面（虫食いフェスティバル）
③食資源としての継続的な利用（応用昆虫学）
④世界各地に残る昆虫食文化（民俗学）
⑤昆虫に対する嫌悪感の原因と克服方法（社会心理学：ブログ「むしぎらい文化研究所」）
など、多角的に昆虫食を読み解こうとしている。

イナゴの祭典・イナゴンピック

「なかのじょうイナゴンピック」について教えてくれたのも佐伯さんだった。毎年10月に群馬県吾妻群中之条町・寺社原地区の棚田で開催される大会で、２０１３年で第６回になる。競技はイナゴ採りとイナゴ跳ばしの2部制だ。イナゴ採りは敏捷な若者が有利かと思いきや、佐伯さんによれば、第4回イナゴンピックでは福島のおばあちゃん2人〈※11〉がそれぞれ25分で１４９匹と１５２匹のコバネイナゴを捕獲し、ぶっちぎりでワンツーフィニッシュしているという。東北のおばあちゃんにとって、田んぼでのイナゴ採りはライフワークなのだ。

イナゴンピックに向かうＪＲ吾妻線の車窓から、水墨画のようなこんもりした山々が見えた。中之条駅から、佐伯さんを迎えにきた方の車にずうずうしく同乗させてもらい会場へ向かう。あいにくの曇り空で、稲刈り後の田んぼは冷えびえとしている。集まってきた人々が、焚き火のまわりで食事の準備をしていた。受付でゼッケンをもらうと、佐伯さんは風のようにイナゴ密度の高い場所の下調べに去った。この棚田は減農薬栽培で、イナゴが住みやすい環境なのだが、今年は数が少ないらしい。と、「巨大イナゴのお通りだ――!!　ウィ――!!」という絶叫が聞こえてきた。これはまずいと顔を上げると、巨大なイナゴの着ぐるみが棚田を駆けまわっていた。

中之条町長の開式の辞と聖火のかまどへの点火のあと、いよいよイナゴ採り競争がはじまる。

※11　ちなみに第5回大会では149匹のおばあちゃんのみ参加するも、採ったイナゴを持ち帰れないという誤情報が流れてやる気をなくし、3位入賞の92匹だった。最終的に、おばあちゃんはほかの入賞者のイナゴも攫って嬉しそうに帰っていったという。さぞかし大量の佃煮ができたことだろう。

コバネイナゴにそっくりなハネナガフキバッタ（福島県只見町）。オスを背負ったいわゆる「オンブバッタ」状態だが必ず交尾しているわけではなく、ほかのオスが寄ってこないようにマウントしているだけの場合もある。イナゴンピックでは、オンブ状態のイナゴは2匹同時に採れるチャンスなので、うまく捕獲に成功するとボーナスポイントのような快感がある

渡されたのは、ナスを入れる袋にビニール管を取りつけたイナゴ入れ。やるからには優勝を目指したい。足元を注意深く見ながら草を踏んで歩くと、コバネイナゴがツツッと草を登ってきた。すかさず素手でむんずとつかむ。「採れた……!」狩猟の原始的な喜びが脳を満たす。

♪イナゴンピックがはじまるよ～
楽しいイナゴ　おいしいイナゴ
田んぼで大ハシャギ～

どう見ても即興のイナゴンピックのテーマ。巨大イナゴ君が、拡声器を使って会場を盛り上げている。「点数に入るのはイナゴだけですよー！　コオロギは入りませんよ～」という注意も聞こえてくる。ずいぶん目を光らせて歩いたつもりだったが、結局採れたのは9匹だけ。今年はよほど少ないと見える。さすがの佐伯さんも苦戦しているのでは……と、袋を見せてもらうと、イナゴがモリモリひしめいている〈※12〉。素人と玄人の差を見せつけられた。

イナゴ採り競争は散々だったが、イナゴ跳ばしは完全に運の世界。まぐれ当たりもあるかもしれない。めいめいイナゴを紙コップに入れて、同心円が描かれたジャンプ台の前に並ぶ。

メレ子「よし行け！　サバクトビバッタを見習って4000キロ飛べ〈※13〉、茶色い悪魔よ！」
イナゴ「……（ゴシゴシ）」

※12 「ゲゲッ！　どこにこんなにいるんですか！」と難詰すると、「今年はメヒシバという雑草に多いみたいですね」と事もなげな返答。さすがバッタの食性研究者……。

※13 1987年、サバクトビバッタの群れが1週間ほどかけて4000キロも移動したという記録が残されている。

審判のおっちゃん「おおッ、やっぱり女の人のイナゴは違うのお。おめかししとる」
メ「キィー!!」

わたしの放ったイナゴは、複眼をツルツルと撫でまわすばかりでまったく飛ぼうとしなかった。勝負をあきらめて、会場に用意された昼食をいただく。この田んぼでとれた新米を握った味噌おにぎり、野菜たっぷりの豚汁、焼きイモ、リンゴがなんと食べ放題〈※14〉だ。棚田を見ながら豚汁をすすると「う、うめぇ……」とものすごく低いうめき声が出た。

優勝かと思われた佐伯さんだが、なんと昨年の優勝者が92匹採っていて、昨年に続き採集2位に甘んじた。上位層が固まってきた感はあるが、来年はイナゴ採り競争界に新星が現れるのか。それとも今年は足の痛みで欠席したおばあちゃんのカムバックなるか、今後も目が離せない。

前野ハカセ、佐伯さん、イナゴ君……「バッタもん」といえば「怪しいもの」、「偽物」の意味で使われることが多いが、この「バッタ者」たちは、むしろ真摯にカブいている。ひょうきんな顔のバッタには、関わる人をエンターテインメントに取りこむ怪しい呪力があるのだろうか。

前野ハカセが相変異の謎を解いて、サバクトビバッタが「黒い悪魔」でなくなる日が来れば、佐伯さんがバッタの食用普及に成功すれば——アフリカでも平和なバッタ祭りが開かれるかもしれない。バッタのフンから作られた巨大仮面をつけて歌い踊る人々、そんな想像をしてしまう。そうしたらわたしも、人々に混じってバッタ踊りを踊りたい。「バッタ者」に「バッタを愛し、バッタの魅力を万人に伝えるカブキ者」の意味が加わる日も近いのかもしれない。

※14 採ったイナゴも食べるのかと思ったが、特にその様子はない。中之条ではイナゴ食の習慣がいったん途絶えたあと、減農薬の田んぼに復活したイナゴで遊ぶお祭りとしてイナゴンピックが行われるようになった。中之条町長さんも「ないものねだりせず、あるものに磨きをかけて発信する」と開会式で述べられていたが、イナゴを観光と地域の人たちの交流につなげようという目のつけどころが面白い。

イナゴンピック公式キャラクター「イナゴ君」。イナゴ君は休む間もなく駆けまわり、子供に虫採り網をかけられ、稲の刈り跡で子供たちをグルングルン回して大喜びさせたあと「人間だよー!!!!!!」と、唐突に人間宣言を行っていた。本当にお疲れさまでした

〔15〕

コガネムシ

「黄金虫」は金持ちか?

ヨーチューストラップ
〔羊毛フェルト〕
のそ子 Nosoko

黄金虫

甲虫目（鞘翅目）コガネムシ上科に属する。花粉や樹液・植物の葉を食べる植物食のものと、動物の死体やフンを食べるものに大別される。幼虫は土中や朽ち木の中で蛹化し、羽化して成虫となる。成虫は金属光沢を持つが、微毛に覆われた種もいる。

フンの中のきらめき

糠平（ぬかびら）湖を訪ねるのは2度目になるが、4年前と同じく空は厚い雲に覆われていた。北海道・上士幌町のタウシュベツ橋梁は1930年代に旧国鉄の士幌線の橋として敷設されたが、糠平ダム建設に伴って糠平湖に沈んだ。ダム湖の水位の変動によって限られた時期だけ顔を出す橋は、「幻の橋」と呼ばれている。

前回はぬかびらユースホステルのペアレント・塩崎健さんに案内していただき、3月に訪れた。そのときの橋は雪と氷に覆われていたが、今回は8月。ぬかびら源泉郷のひがし大雪（たいせつ）自然館で行われる「ひがし大雪むしむしWEEK」に上士幌町役場の方づてに誘っていただき、まんまと再訪してしまった〈※1〉。

長年水と雪と氷にさらされた橋は、あと数年のうちに崩壊すると言われている。

「いや〜、この橋が崩れちゃったらうちのユースの商売には痛いですよ〜。でも、10年前も『あと10年もたない』って言われてたので、けっこうしぶといんですよね！」

塩崎さんの冗談まじりの解説を聞きながら、意図せず10年以上「閉店直前セール」状態になってしまっている橋を眺める。前回は凍った糠平湖の湖岸からのぞんだが、今回はダムの水位が低い日が続いていたために林道から橋のたもとまで行くことができた。

※1 オサムシの章（P261）を参照。

「この辺は黒曜石の名産地でもあるんですよ」という塩崎さんの言葉に、目の色を変えて河原をうろつきまわるわたし。たちまち大きな黒曜石のかけらを見つけだし、たいそうご満悦である。そのとき、視界の端を虹色に光るものがよぎった。

しゃがみこんでよく眺めてみると、それは動物のフンだった。昆虫の翅や肢がそのまま排出されて、うんこの中でキラキラと輝いている。「うんこ」かつ「バラバラ殺人」という目を背けたい要素を複数含んでいるにもかかわらず、なんとも魅惑的な眺めだ（なお、「昆虫」という要素も世間的にはネガティブ要素に含まれるのかもしれないが、あえてカウントしていない）。

フンからの登場となってしまったこの虫が、今章の主役・オオセンチコガネだ。あとでひがし大雪自然館の方に聞いたところ、「それはおそらくキツネのフンかもしれませんね。キツネはセンチコガネ類を食べるのが大好きなんですよ」とのこと。北海道でフィールドを歩く人なら、こんな風にキラキラと光るキツネのフン〈※2〉を見つけることは珍しくないらしい。

会いに行ける糞虫

日本にはたくさんのコガネムシたちが住んでいる。『日本の昆虫1400（2）トンボ・コウチュウ・ハチ』（槐真史 編、伊丹市昆虫館 監修／文一総合出版）によれば、コガネムシ科は約

※2 しかし、野生のキツネはエキノコックスという寄生虫を持っていることがある。キツネのフンから排出された卵が何かの拍子で人の体内に入ると、エキノコックスが肝臓に寄生して肝機能障害を起こすことがあるため、いくら虹色に輝くフンでもお触り厳禁だ。カタツムリの章のアフリカマイマイもそうだが、自然界には危険がいっぱいである。

タウシュベツ橋梁のたもとで見つけた、キツネのフンの中で七色に輝くセンチコガネの翅や肢（北海道・上士幌町）。エキノコックス症の感染を防ぐため、どれだけ美しくても決して素手で触ってはならない

450種、センチコガネ科は3種が知られている。

前者のコガネムシ科は、花粉や樹液、葉っぱなどの植物を食べるものが多い。今章の主役であるオオセンチコガネを擁するセンチコガネ科も、丸っこいフォルムやお大尽じみた髭はコガネムシ科と共通だが、大きく違う部分がある。キツネのフンにまみれた姿を本に載せても、彼らは怒らないだろう。なぜならふだんからうんこを食べているからだ（これはものすごくざっくりした分類であり、コガネムシ科にも食糞性のものはいる）。

フンを食べる糞虫といえば『ファーブル昆虫記』の影響からか、フンコロガシ（タマオシコガネ・スカラベ）の名前や習性はよく知られている。牛や馬のフンを器用に丸め、逆立ちして後肢で転がし、えっさほいさと安全な場所まで運び、土に掘った穴に落としこんでゆっくり食べる。産卵の際も、幼虫のための特別な糞球を作ってそこに卵を産む。しかし、残念ながら日本に糞虫はいても「糞転がし」と呼べるような虫はいない〈※3〉。

コガネムシだけでなく、ほかの甲虫やチョウの仲間にも動物のフンを好むものはたくさんいる。そういった虫を撮影または採集したいと願う虫屋さんは、ずいぶん苦労をされているようだ。

採集場としてすぐに思いつくのが牛や馬を飼う牧場だが、口蹄疫などの伝染病は畜産業者にとって致命的な打撃になるので、病原菌をもたらしかねない部外者が立ち入るにはそれなりの手続きが必要だ。勝手に入った採集者が糞虫を採集するために掘った穴を後始末しなかったため、牛や馬がつまずいて怪我をしたケースもあるという。こうなると、畜産家も厳しい態度を取らざるを得ないだろう。

採集の際には、用意したフンをおとりにしてフィールドの糞虫をおびき寄せるのが手っ取り早

※3　糞球を作って転がすマメダルマコガネという虫がいるが、体長は約3ミリなので観察は至難の業。いつかは海外で、糞球を運ぶフンコロガシを見てみたいものだ。

い。「フンの用意」と書けばたった5文字の作業だが、これは大ごとだ……。虫屋の方々に糞虫の話題をそれとなくふると、みんな自分のものにせよ他人のものにせよ破壊力の高いネタを持っており、どこか嬉しそうに語りだす。

「やっぱりあいつらもグルメっていうのかな、雑食性の動物のフンが好きらしいんだよ」
「いろいろ試したけど、いちばん効果が高いのは人糞だよね」
「海外で採集旅行に行ったときなんか、どうせ近場にトイレなんてないし男同士だったらお祭しなんだけど、虫がすごい早さでやって来てあっという間に片づけてくれるんだよね〜」
「自分のを冷凍保管していたら離婚の危機が訪れた」

ちなみに今まで聞いた中でいちばん「これは……」と思ったのは、ある糞虫研究家のエピソードである。ご本人から聞いた話ではないのだが、その方はある南の島で糞虫を採るため、車に牛糞の詰まったバケツを積んでフェリーに乗ったのだそうだ。たぶん、よほど暑い日だったのだろう。牛糞は発酵し、容器のフタが弾けとんだ。車内がどんなことになったかは、あまり考えたくない。

そんな中、「会いに行ける糞虫」として名高いのがオオセンチコガネなのである。北海道から九州まで広く分布し、春から10月ごろにかけて野山を歩いているとよく目にする。先にご紹介したキツネのフンからもわかるように、茶色、赤銅色、黄金色、緑色と色もさまざまで、いろんな地方の標本を並べると普通種とはいえ陶然としてしまう。

これはフンではなく花に集まるオオトラフハナムグリ（オオトラフコガネ)。ブナ林で一瞬だけ飛来し、数枚写真を撮らせてもらえただけですぐ飛び去ってしまったが、どこかの国の民芸品のようなはっきりした美しい模様が鮮やかに心に残った。何より、このババーンと偉そうに広げた触角！　まるでむかしのお偉いさんのカイゼル髭のようではないか。わたしはこういう、小さな虫の小さいくせに偉そうに見える特徴に弱いのだ

オオセンチコガネの中でも、特別な存在となっているのが近畿地方の個体だ。京都や奈良、特に若草山近辺にいるものは真っ青に輝き、「ルリセンチコガネ」と呼ばれるほどだ。

糞虫に会いに、奈良へ

近鉄奈良駅で電車を降りると、そこには春日山原始林を背に、国内最大の国宝凝集地帯が広がっている。興福寺、奈良国立博物館、東大寺、正倉院、春日大社、元興寺、新薬師寺……これらがすべて徒歩圏内にあるなんて信じられない。仏像アレルギーまたは国宝アレルギーの人間がさまよえば、1日で泡を吹いて死んでしまうのではないだろうか。

そして、奈良公園に近づくにつれて現れる鹿たち。春日大社の神使として保護されてきたものの、れっきとした野生動物である。一般財団法人「奈良の鹿愛護会」の調査データによれば、2013年7月度時点で奈良公園に生息する鹿の頭数は1094頭。鹿苑〈※4〉に保護されている鹿を含めると、1393頭にのぼる。

神使たちの食欲は恐ろしいものがある。昼は東大寺や春日大社の参道で修学旅行生やカップルや外国人旅行者にすり寄り、鹿せんべいを狙う。エサをくれなかったり焦らす素振りを見せれば、頭突きや咬みつきも厭わない。わたしも何度やられたか知れない。公園内の若木には、鹿が樹皮を食べないように金網が巻いてある。神の威光をかさにきた、邪知暴虐の獣。それが鹿なのだ。

※4　鹿苑は病気や怪我をしたり、農家に被害を与えて捕獲された鹿を保護する施設。10月には年中行事「鹿の角きり」が行われる。

東大寺前の混雑を避け、春日大社に接する広大な野原に出てみよう。飛火野（とびひの）と呼ばれるエリアだ。大学を卒業したあと、2年弱京都に住んでいた時期があった。将来も定まっておらず不安な気持ちで暮らしていたので、よく京都盆地を抜け出してはこの飛火野に遊びに来た。夕暮れに集まってきた鹿の群れがブチブチブチブチブチブチと、もうこれ以上ないくらい短くなった芝草を食む。あどけない仔鹿が、顔に似合わぬ粗暴なしぐさで母鹿の腹をぐっと突いて乳をねだる。若い牡鹿が、その母鹿にちょっかいを出すために仔鹿を追いまわす。広い野原で、その日を生きることしか頭にない殺伐とした鹿の群れを見ていると、人間様の悩みや感情など無用の長物とも思われ、なんとなく胸がすっとしたものだ。

この神使たちが、日々とんでもない量を食べてするとんでもない量のフン。その分解にとびぬけて貢献しているのが、先のルリセンチコガネなのだ。わたしは彼らに会いたいときは、開けた飛火野よりさらに奥の林に入っていくことにしている。

小川も流れ、ほどよく日光の注ぐ美しい場所に見えるが、よく見るとツツジやアセビ、シダ類など、鹿の食べない植物ばかりなのがわかる。鹿のすさまじい食欲は、森を作り変えてしまうのだ。たまに鹿の食べられる樹木があっても、約2メートルの高さまでは葉のある梢が存在しない。鹿が首の届く限界まで食べつくすため、梢の高さが人工的にそろえられたように見える「ディア・ライン」という現象だ。

奈良公園だけの話ではなく、全国の山野で鹿の食害は深刻化している。最近は草地の除草のためにヤギを導入する事例が好意的に紹介されているが、鹿の食欲に鑑みれば、脱走などして野生化しては目も当てられないので、適切に運用してほしいと願うばかりだ。草地が貴重な生きものの住処となっているケースもあるだろう。

小春日和なら、ただ立っているだけでしばらくすると「ブゥ……ン」という重い羽音が聞こえてくる。彼らはあまり飛ぶのは上手ではないので、青く輝く虫を手ではたき落とせることもある。ピンと左右に突き出した触角とつぶらな複眼。前肢のつけ根には鮮やかな金色の腕章がついている。これはクワガタなどでも見られる特徴だが、触角がカイゼル髭だとすればこの金色は勲章にも見える。苔の緑に深い青色が映えて、何度見てもたまらなくかわいい虫だ。

彼らには糞球を作る習性はないが、フンを安心できるところで食べたい気持ちはあるらしい。たまに鹿のフンを一心不乱に引っ張っているところに遭遇する。たしかに鹿のフンはコロコロしているから、丸める手間も省けようというものだ。

小さな身体だが、彼らの掘削能力は高い。土に浅く潜って眠っているルリセンチの背中を見つけたので、掘り出そうとしたら素手ではとても掘れないほどまわりの地面が固いので驚いた。木の枝などを使ってなんとかこじり出してみると、なんと2匹目の背中がまた見えるではないか！望外の喜びとはこのことだ。

掘り出された彼らは、最初はショックのため死んだふりをしているが、やがてギチギチと鳴きながらもがきはじめる。発声のための器官があるわけではなく、関節を鳴らしているようだ。固い土を掘るための前肢で指のあいだをこじ開けようとしてくるので、なかなか痛い。

ルリセンチコガネ「オラァー！　放さんかいワレェー」

1匹目を掘り出すと下から2匹目のルリセンチコガネが出てきた（奈良公園）。このようにして2匹が入っている穴が、ほかにもいくつかあった。下の人が苦労して掘った穴に、こりゃいいワイと潜りこんだフリーライダーかと思っていたが、その後教えていただいたところによればほぼすべて雌雄のペアで、共同での巣作りまたは交尾に関連した行動の可能性が高いという

メレ子「まあまあ、そう言わず。ここはご神域ですからして、命までは取りませんヨ」
ルリセンチコガネ2「クッソー……鹿の兄さんに言いつけて、あとでどついてもらうから覚悟せえよ」
ルリセンチコガネ3「伊達にうんこ食べとると思うなよ！　こうやって前肢についたバイキンをお前の手に塗り塗りしてくれるわ」
メ「……あんまり綺麗だから忘れてたわ……たしかに手は可及的速やかに洗ったほうがいいな……」

苔の上に彼らを放すと、不満げにギィギィ言いながら去っていった。

彼らがいなければ、この神域はひと月と経たぬうちに鹿のフンまみれになり、悪臭が立ちこめるだろう。鹿が神の使いなら、いわば神使の後始末のために遣わされた6本脚の天使である。芝草を鹿が食べ、鹿のフンをコガネムシたちが食べ、鹿の消化によって発芽促進された種はコガネムシによって土中に運ばれて芽吹くのだそうだ。もちろん、この特殊な環も、鹿口制限などの人間の適切な努力なしには維持できないのだろう。

コガネムシは金持ちか？

わたしにとってはオオセンチコガネを探しているときの気持ちは宝探しに近いのだが、実際に

「こがね虫は金持ちだ　金蔵建てた　蔵建てた」という歌がある。１９２２年に野口雨情が作詞した『黄金虫』だ。当然のように「ああ、あんなにピカピカだし偉そうな髭だし、いかにもお金持ちの紳士って感じだよね」と思っていたが、ある日聞き捨てならない説を耳にした。『黄金虫』に出てくる〝こがね虫〟は、実はチャバネゴキブリのことだというのである。

　チャバネゴキブリは住宅の都市化・近代化と共に急速に繁栄を遂げた虫で、ゴキブリが住みつくのは豊かな家の象徴だった時代もあった。チャバネゴキブリを一部地域の方言でコガネムシと呼んでいたことから、この「コガネムシ＝チャバネゴキブリ」説は提唱され、そのショッキングさから急速に広まったようだ。

　しかし、探してみると「コガネムシ＝タマムシ」説も出てくる。タマムシの章でも扱ったとおり、タマムシをお守りにすると衣類が増えるなどの伝承もあったから納得がいくし、どちらかというと安心できる。普通にコガネムシでもいいような気がするが……。

　さらに、エドガー・アラン・ポーによる世界初の本格暗号小説とされる『黄金虫』（佐々木直次郎訳）についても気になり調べてみた。

——その虫がさ。ぴかぴかした黄金色をしていて、——大きな胡桃の実ほどの大きさでね、——背中の一方の端近くに真っ黒な点が二つあり、もう一方のほうにはいくらか長いのが一つある、触角（アンテニー）は——

と描かれるこの虫だが、こちらもなんとコガネムシ科の仲間ではない。金色に輝くカミキリムシの仲間と、眼窩のような2つの斑点を持つコメツキムシの特徴をあわせて作り上げた架空の昆虫だという。

物語の中では、富を失って隠遁生活を送る人物が、この髑髏に似た模様を持つ新種の虫を発見したことから隠された宝へと導かれる。しかし、このような虫を見つけて自分の名前を学名につけるためなら逆に宝を投げ出してもかまわないという虫屋も、少なからずいるような気がする。

黄金虫という古めかしくロマンチックな響きからわたしが連想するのは、南米に生息するプラチナコガネ〈※5〉だ。本当にプラチナや黄金でできているかのような光沢を持つが、生態については不明な点が多く、種類によっては十数万の価格で取引されるらしい。

しかし、美しさ愛らしさではルリセンチコガネも負けてはいませんよ！　と、誰に比べられたわけでもないのに拳を突き上げて力説してしまいそうになる。暗号がなくても財宝がなくても、フィールドは冒険と謎に満ちている。ああ、もちろん財宝があれば世界のどんなフィールドにも行けるのだけれど……。

※5　連載当初、標本市で購入したコスタリカ産プラチナコガネの標本の写真を掲載していたのだが、その後コスタリカ産の昆虫の採集は研究目的など限られた場合を除いて全面禁止されていることを知り、表に出すのはやめることにした。買ってはいけないものが簡単に売られている現状、買い手も勉強する必要がある。

〔16〕

カタツムリ

おっとり型の生きる知恵

6月の夜
〔皮革〕
河野 甲 Ko kono

蝸牛

陸生の貝類の総称。雌雄同体で、ほかのカタツムリと交尾して精英を交換し、産卵する。卵から孵化した幼生は、カルシウム分を摂取して殻を大きくしながら育つ。多くは植物食だが、一部にほかの種のカタツムリを食べるものもいる。

4番目の珍味

「これが最高級のエスカルゴ、『ポマティア』です」

と目の前に出されたのは、白くむっちりしたカタツムリだった。先ほどジュージューと音を上げていたエスカルゴを食べる前に、この愛らしさを目の当たりにしていたら……と思うと、この順番で正解だ。「カタツムリのぬめりには美肌効果があるんだから、手に乗せてみなさい！　手の甲にすりこんで、そうそう」と熱心に勧めるのは、エスカルゴ牧場（三重エスカルゴ開発研究所）の社長・高瀬俊英氏。眼光の鋭さと流れるような語り口に圧倒されっぱなしだ。

高瀬社長「世界三大珍味言えるかね？」

メレ子「フォアグラ、トリュフ、……えーと……」

高「キャビアね。それとエスカルゴの卵で、世界四大珍味」

メ「四大珍味!!　はじめて聞きました」

高「でもキャビアなんか全然うまくないだろ？　本当はエスカルゴの卵と入れ替えて三大珍味なんだ」

いきなりチョウザメ業界を激震させるコメントをいただいてしまった。三重エスカルゴ開発研究所は、世界で初めてエスカルゴ・ド・ブルゴーニュ（ポマティア種）の完全養殖に成功した牧場だ。事前予約制の見学コースでは、小1時間の牧場見学とエスカルゴの試食を体験できる。

いまや某激安イタリアン外食チェーンのメニューにも載っているエスカルゴ。わたしもフレンチのお店などで食べたことがある。しかし、高瀬社長によればそのほとんどはまがい物だという。アフリカマイマイ〈※1〉というカタツムリを、エスカルゴの殻に詰め替えて供給しているのだ。エスカルゴには養殖に適したプティ・グリ種など4種があり、もっとも大型のブルゴーニュ種が最高級とされる。しかしブルゴーニュ種は繁殖力が弱く、養殖が難しい。フランスでは乱獲の果てに保護育成種に指定され、いまフランスで出回っているのはほとんど東欧で採られたものだ。

そのポマティアの完全養殖に成功した高瀬社長。当然、その道のりは困難を極めた。

「野生エスカルゴビジネスはマフィアが仕切ってるんだ。マフィアがジプシーを雇って、森で採らせたエスカルゴを売りさばいてる」そこで社長はなんとマフィアに直談判し、数匹のエスカルゴをもらって帰ってきた。帰国後は、生息地の環境を完全に再現する養殖棟を建造。エスカルゴ牧場は「高瀬鉄工所」という大きな鉄工所の敷地内にあるが、これは社長が弱冠20歳で興した会社だ。見学させてもらった養殖棟には、鉄工所の技術が遺憾なく発揮されていた。落ち葉を敷きつめた産卵場、擬似的に冬眠を経験させて成長を早める冷蔵室、そして特別の飼料を食べてエスカルゴがスクスク育つ飼育ケース。政府の許可を得てフランスから入手したエスカルゴは、今や20万匹以上に増えた。

侵略的外来種指定されたアフリカマイマイの先例も邪魔をし、養殖・販売の許可を農水省から

※1「世界の侵略的外来種ワースト100（IUCN,2000）」に選定されており、日本には食用目的で持ちこまれたが普及せず、沖縄や小笠原諸島に侵出した。広東住血線虫という人間に感染すると髄膜脳炎を引き起こす寄生虫を持っていることがあり、加熱していれば問題ないが、野外で見つけても絶対に触ってはいけない。

いまやアフリカマイマイは世界の「エスカルゴ」市場流通量の4割以上を占めるが、フランスではアフリカマイマイに「エスカルゴ」の名を冠することは認められていない。

取りつけるのに7年を要した。２００１年にエスカルゴ牧場を一般公開し、有名ホテルやレストランなどに食材提供している。しかし味には太鼓判を押されるものの、現在の飼育コストではひと皿の値段が高くなりすぎ、料理人となかなか折り合えないそう。

「これまで億単位で投資してるけど、儲からないんじゃ子供にも継がせられないだろ？　もっと大量に流通させられれば、単価も安くできるのにな……」とつぶやく高瀬社長。常人の数倍のエネルギーを感じさせるが、このときだけはちょっと寂しそう。胃がんで胃を全摘出したこと、強盗に押し入られた経験をもとに誰も入ってこられないシェルターつき耐震住宅を開発したこと、鉄工所事業とは別に「これからは製造ラインで部品を全品検査する時代になる」と20数年前に部品自動検査機器を製造する五和産業を立ち上げたが、最初はどこのメーカーでも門前払いだったこと……など、とても同一人物のものとは思えない体験談の数々を聞いていると、エスカルゴ養殖普及の壁も近いうちになんとかしてしまいそうな気がしてくる。

メレ子「社長の人生は波乱万丈ですね！　本を書かれたりはしないんですか？」
高瀬社長「しない！　ああいうのは世界が違う」
メ「そ、そうですか……？（全否定や……）」
高「でもアンタはなんか書いとる人だね。見ればわかるよ」
メ「バレたー!!」

最高級のエスカルゴ「ポマティア」。小さいエスカルゴを上に乗せて親子っぽい感じにしているのが、かなり心憎い演出。社長自慢のエスカルゴ料理「ブルギニョン」はエスカルゴのむき身をスパイスで煮込みレモン汁に漬けてから殻に戻し、パセリ・ニンニク・エシャロットを加えた自家製ガーリックソースをのせて焼いたもの。肉厚で柔らかい

虫に関わる人たちのオモシロ人生をサンプルしている覗き見根性が出てしまっているのだろうか……と顔をこすりつつ、エスカルゴ牧場をあとにした。パワースポットとして人気の伊勢神宮への参拝者が立ち寄ることも多いというエスカルゴ牧場。松阪のパワー（にあふれた人が経営する）スポットにも足を運んでみてはどうだろうか。

ブナの森のカタツムリ

「お前も特製ソースをかけてグリルしてやろうか？」家に帰ってきたわたしは、プラケースの中で殻に閉じこもったままの大きなカタツムリに向かってそう凄んだ。

２０１３年７月下旬、福島県只見町の冬虫夏草調査に同行させてもらった。夏の東北のブナ林の美しさに舞い上がったわたしは、ブナの幹にくっついていた驚嘆すべき大きさのカタツムリの殻を見つけ、思わず持ち帰ってしまったのだ。ふだん見かけるカタツムリの種類など深く考えたことはなかったが、小さいころから見てきたカタツムリはどれも軟体部が白っぽく愛らしかった。しかし、宿の冷蔵庫に入れるとビックリして殻から出てきたカタツムリは、予想を超えてモンスタージみていた。軟体部は茶色く、細かいうろこのようなテクスチャーにたじろぐ。ヒダリマキマイマイというカタツムリで、山地に住むものは特に黒いのだそうだ。

最初はビックリしたけど迫力があって、よく見たらカッコいいかも……と思うようになったが、

ブナの森で寝ているところを拉致され戸惑うチャイロヒダリマキマイマイ
つむ次「ここどこ～？」
メレ子「うわっ！　なんか思ってたのと違うテクスチャー感の人が出てきた!!」

いきなりかどわかされてキモいだなんだと言われた彼〈※2〉は、すっかりつむじを曲げたらしい。「つむ次」と名づけて見守るも、プラケースの中で20日以上のハンストを決めこんだ。
まずい、このまま死んでしまうのか。「どうしたらいいですか?」と知り合いの虫屋に聞いてまわるも、そもそもカタツムリは虫じゃなくて貝〈※3〉だ。誘拐してきた責任というものがある。殺すか食べるか、あるいは育てるかしなくては……カタツムリについてもっと学ぶため、わたしは長野県へ向かった。夏のあいだ、カタツムリに関する特別展が開かれているというのだ。

「なんでもかんでもカタツムリ!」

長野県にある飯田市美術博物館。ここで学芸員の四方圭一郎さんによる企画展「なんでもかんでもカタツムリ!」展が行われていた。わたしが訪れたのは千秋楽の8月末日。四方さんは「これで僕も明日から普通の蛾屋に戻れます」と、アイドルの引退宣言のようなことを言っている。「遠いところからよく来られました。これをあげましょう」と渡されたのは、謎の白いぬいぐるみ。カタツムリ展の公式キャラクター「ごまがいさん」〈※4〉オリジナルストラップだ。しげしげと眺めたわたしは、空気を読まないひと言を放った。

メレ子「四方さん、貝の平たい『いわゆる』なカタツムリをキャラクターにしようとは思

※2 ちなみに彼女でもある。カタツムリは雌雄同体なのだ。

※3 某昆虫館の学芸員氏には「水に入れたら、出てくるのは出てくるのでは?」とめっちゃ冷たい対応をされた。

※4

わなかったんですか？　知らない人が見たら、これはチョココロネ業界のキャラクターですよ」

メ「しかも『ごまがいさん』って名前、明らかに『クマムシさん』〈※5〉を意識してますよね」

四「いや、断じてしていないね。しているわけがないね」

四方さんは昆虫学芸員だが、長野県の在野のカタツムリ研究者・飯島國昭（いいじまくにあき）さんから標本の寄贈を受け、この夏はカタツムリについてかなり集中して学びつつ展示を作ったそうだ。「なんでもかんでもカタツムリ！」〈※6〉は、カタツムリに関する「なんでも、かんでも」を集めた展示。展示室でまず気になるのが、ゴマガイをはじめとした微小カタツムリと、名前の由来の穀物を並べたもの。アズキガイ、キビガイ、ナタネガイ、ケシガイ……ちゃんと大きさが対応していて、和名をつけた人の穀物リテラシーの高さがしのばれる。小さなカタツムリがいるものだ。

一方、殻高15～19センチ、軟体部は腕ほどもあるメノウアフリカマイマイの標本も。世界最大のカタツムリだ。子供のころ読んだ絵本『せかい いち おおきな うち』〈※7〉を思いだす。

海にはシャコ貝のような超巨大貝類もいるが、カタツムリが際限なく大きくなるのは難しい。殻〈※8〉を作るためのカルシウムが足りないからだ。よく雨上がりのブロック塀にカタツムリがくっついているが、カルシウムを摂るためにコンクリートをかじっているのだ。四方さんが展示のために飼育していたミスジマイマイも、過密状態で育てていたところ、仲間の殻をかじって穴

※5　クマムシの章（P177）を参照。

※6　博多の博物館ならば「なんでんかんでんデンデン虫」という企画名になっていたと思われる。

※7『せかい いち おおきな うち りこうになった かたつむりのはなし』（レオ＝レオニ 作・絵、谷川俊太郎 訳／好学社）は、誰よりも大きな家（殻）に住みたいと願い、どんどん奇妙な増築を重ねていくが、やがて破滅に向かうカタツムリのお話。

を開けてしまったという。あわてて隔離すると、かじられた個体の殻も不自然ながら再生したそうで、不恰好に盛りあがった殻を見せてもらった。

メレ子「海の中の貝はカルシウムに不自由しないんですかね？」
四方さん「海水には、もともとカルシウムが豊富に含まれてるからね！」
メ「じゃあ陸に上がったカタツムリって、すごく無理してるんですね」
四「そこで殻を捨て、機動性を高める戦略をとったのがナメクジと言える」
メ「家に帰ったら、つむ次に卵のカラをあげなきゃ……」

一時はグリルしてやろうかと思ったことすらあるつむ次だが、大きくなるにはさまざまな苦労があったのだろう。帰ったら、もっと心をこめて世話してみよう……と思うわたしだった。

カタツムリのみならず、カタツムリ研究者の努力も称えたい。長野県産貝類相の解明に貢献し、1万点の標本とそのデータベースを博物館に寄贈した飯島國昭さんの書斎と採集風景が再現されている。カタツムリ観察のために車なみの値で購入した「万能投影機」なる光学機器に、壁には自ら発見した新種・ツバクロイワギセルの標本写真。小学校で教壇に立つかたわら、休日には50ccオートバイで県内を駆けめぐり、神社で野宿しながらカタツムリを探して50年の月日が流れた。写真パネルの中、山中の斜面に伏して虫めがね片手にカタツムリを探す飯島さんは、楽しそうに顔をほころばせている。努力を努力とも思わないほどひとつの生きものに魅せられた、こういう在野の人々によって、各地の生物相の理解が深められているのだろう。

※8 丹精こめて作られた殻には、人間にも参考になる秘密が隠されている。殻表面の微細な凸凹構造は濡れるとすぐ溝が潤って泥や油分を弾き、カタツムリを汚れから守る。これをヒントに、LIXILは「汚れを弾きやすいタイル」を開発した。いわゆるバイオミメティクス（生物模倣）製品のひとつだ。
　バイオミメティクスは、生物の構造や機能に着目して医学や工学分野などへの応用を目指そうとするもの。
『ヤモリの指から不思議なテープ』（石田秀輝 監修、松田素子・江口絵理 文、西澤真樹子 絵／アリス館）には、このようなネイチャーテクノロジーの事例が豊富に紹介されており、生物学分野になじみのない人にも読みやすい本だ。

ゴマ粒なみの大きさのカタツムリ・
ゴマガイ（提供：四方圭一郎さん）。
普通種のカタツムリではなく、あえ
て縦巻きの微小カタツムリを企画展
の公式キャラクターに選ぶところに、
学芸員の気合いが感じられる

ほかにも柳田國男『蝸牛考』によるカタツムリの呼び名の全国分布やカタツムリの殻を使って子育てをするハチ、カタツムリの恋矢（れんし）〈※9〉など、まさに「なんでもかんでもカタツムリ」。カタツムリの殻のように、奥に進むほどみっしり中身の詰まった濃い展示だった。

モニターで放映されていて度肝を抜かれたのが、南西日本に分布するというオキナワベッコウの映像だ。このカタツムリ、妙に長い軟体部を持っていて、身の危険を感じると軟体部をボヨーンと波打たせて跳んで逃げるのだ。トカゲのように尾を自切するものなど、カタツムリの身の守り方は多種多様だという。

そして、身を守るために殻にある大きな変化を加えたカタツムリがいた。このカタツムリに関するある仰天仮説を唱え、証明したのが研究者の細将貴（ほそまさき）さんだ。

右利きのヘビ仮説

2013年11月、東京で「生きものまーけっと」〈※10〉なる怪しい祭典が開かれた。あらゆる生きものをテーマに創作するクリエイターが集まるイベントだ。わたしも参加していたのだが、何としても見逃せない演目があった。京都大学白眉センター〈※11〉の進化学者・細将貴さんによる「右利きのヘビ仮説」講演〈※12〉である。

手も足もないヘビが「右利き」とはどういうことか。ざっくり言ってしまうと「カタツムリを

※9 カタツムリの持つ恋矢は、長さ1センチ弱の針状器官。雌雄同体のカタツムリは交尾にあたり、オスとして多くのメスを受精させたい一方、メスとしては優秀なオスの子しか産みたくないというややこしい立場にある。メスはオスからもらった精子を消化しようとするが、オス側は対抗して恋矢をメスに打ちこむ。恋矢の表面には、メスの精子消化機能を失わせるホルモン様物質が塗られている。交尾における優位を確保するための熾烈なせめぎ合い（性的対立）から生まれた、いささか強引な「キューピッドの矢」だ。

※10 「生きものまーけっと（通称：なまけっと）」では犬や猫など、一般に人気の生きものを扱うサークルはむしろ少数派。古代生物の飼育マニュアル、ウニのマグネット、透明標本などが会場を飛び交う様は、さながら異形の闇市だ。初開催で来場者数1300人の数字を叩き出すモンスターイベントとなった。職業イベンターではない有志による生きもののイベントという点で、昆虫大学と共通するところ

専食するセダカヘビは、多数派である右巻きの貝を食べるための構造を進化させた『右利きの捕食者』である。これに対抗したカタツムリは殻を逆巻きに進化させ、追うヘビと逃げるカタツムリの共進化が起きている」というものだ。大学時代にこの仮説を思いつき、証明に至るまでの細さんの冒険が講演では語られた。

カタツムリには右巻きの種と左巻きの種がいるが、右巻きのほうが圧倒的に種数が多い。左巻き種は右巻き種から進化したが、右巻き種の中に突然変異で生まれた左巻き個体は交尾しづらく、種分化への障害は大きかったはず。「左巻きであることに、交尾の不利を覆すメリットがあったのでは？」と細さんは考えた。

左巻きのカタツムリは南方に多く分布するが、これはカタツムリをよく食べるセダカヘビ科の分布域と重なる。海には右巻き貝の捕食に適した左右非対称なハサミを持つカニなど、獲物の左右非対称構造に適応した「右利きの捕食者」がいるが、当時陸では見つかっていなかった。セダカヘビが右巻きカタツムリの捕食に特化した未知の「右利きの捕食者」であり、左巻きであれば食べられにくいために、カタツムリの種分化が促進されたという仮説を検証するため、ヘビの分類学者からセダカヘビの標本を借りて調べると、右の歯列が左よりも多いことがわかった。右利き構造を持たなかった種がひとつだけあったが、それはナメクジ食いの種だったのだ。

さらに顎の機能を調べるため、オナジマイマイの右巻き個体と突然変異の左巻き個体をイワサキセダカヘビ〈※13〉に与えて比較すると、左巻き個体の捕食には時間がかかる上、失敗率も高かった。ヘビは樹上でカタツムリの這い跡を追っていき、後ろから軟体部に食いつくが、左巻きだと上あごが殻に引っかかってそれ以上追えないのだ。軟体部を殻に引っこめ、無事に枝から落

もある。こういう生きものに関する場が、今後さらに盛り上がるといい。

※11 京都大学が優秀な次世代研究者育成のため、最長5年間の任期で助教・准教授のポストを与える「白眉プロジェクト」運営のため、2009年に創設された組織。研究者の自由な研究を支援することが目的なので、白眉研究者は通常の大学研究者に課せられる授業や研究指導・報告書の作成といった研究外の負担が少なく、任期中は自分の研究に専念できることが特色。若手研究者にとっての憧れのポストのひとつになっている。

※12 講演の動画はなまけっと公式サイトでも公開されており、下記リンク先から視聴できる。

namaket.blog.fc2.com/#entry-161

ちのびるカタツムリを茫然と見送るイワサキセダカヘビの動画はおにぎりを海に落とした釣り人にしか見えず、涙を禁じ得ない。

細さんの検証はさらに続く。セダカヘビ生息地では左巻きカタツムリの分類群の多様性が高いこと、カタツムリの殻のサイズが大きいほど失敗率が高いことなどを次々と証明していく。研究における仮説と検証の流れ〈※14〉がわかりやすく示され、とても面白かった。

10月に入る頃から、つむ次が顔を出してケース内をうろうろすることが多くなった。夏に出てこなかったのは、夏眠（かみん）という休眠現象だったらしい。こちらもつむ次の生活リズムがなんとなく飲みこめてきて、あまりやきもきさせられることもない。エサを替えたあと、ケースの壁に膜を張って貼りついたつむ次をベリッと剝がしてエサの上に置くと、いやいや顔を出す。ズッキーニをかじり、ついでにケースの中をぬるりと一周してまた眠りにつく。「あーあ」というぼやきが聞こえるようだ。その姿を見ていると「オキナワベッコウみたいに飛んだり跳ねたりしろとは言わんけど、もうちょっとどうにかならんの？」と苦言を呈したくもなる。

しかし、なまけっとで買った切り紙作家・いわたまいこさんの「ヘビとカタツムリの共進化モビール」〈※15〉が天井から下がってゆるやかに回っているのを見ていると、そんな気もだんだん失せてきた。一匹ずつはおっとりして見えても、何世代もかけて身を守る仕組みを組みあげていく。この子たちの時間は、わたしの小さい物差しではとても測りきれない悠久のペースで流れているのだ。

※13 ちなみにイワサキセダカヘビを専門にしている研究者は今のところ細さん一人しかいないそうだ。細さんは愛情をこめて「うちのヘビ」と呼んでいる。

※14 細さんの著書『右利きのヘビ仮説 追うヘビ、逃げるカタツムリの右と左の共進化』（東海大学出版会）には、仮説を思いついてから専門誌に論文が発表されるまでの試行錯誤の道のりが描かれる。ヘビとカタツムリだけでなく、さまざまな生きものたちが右と左に振り回されていることがわかるし、イワサキセダカヘビを求めて八重山の夜のフィールドを歩く描写にもわくわくさせられる。論文が脚光を浴び、一夜にしてメディアから引っ張りだこになるシーンでは、高揚が伝わって胸が熱くなった。

※15

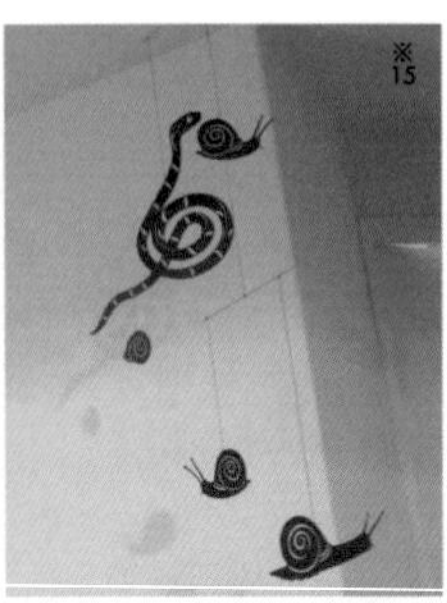

〔17〕

コオロギ

いさましいちびの音楽家

紙くずひろい（コオロギ）
〔紙、墨〕
秋山亜由子 Ayuko Akiyama
※参考『江戸市中世渡り種』大竹政直・画

蟋蟀

バッタ目（直翅目）コオロギ科に属する。雑食性で動物質のエサも好み、貪婪（どんらん）なので複数飼育する際は共食いに注意する必要がある。鳴く虫として有名であり、オスは翅の発音器をこすり合わせて音を出し、メスを呼ぶなどのコミュニケーションをとる。

うるさい結婚報告

曲がり角を何度曲がっても、目的地にたどり着けない。灰色の寒天を泳ぐような夢の底から、むりやり引っ張り上げるマリンバのメロディー。目覚ましにしている iPhone のアラームだ。しかし今朝は、マリンバの後ろに「リ゛リ゛リ゛リ゛リ゛リ゛……」という伴奏がついていた。

音の主は、昨日我が家に迎えたばかりのツヅレサセコオロギ・バリフーである。寝ぼけた頭でそこまで思い出すと同時に、もう1匹のコオロギ・ゲバボーに逃げられた苦い記憶が甦る。iPhone とコオロギの協奏に、わたしの「あ゛あ゛あ゛あ゛あ゛あ゛」という長い呻きが重なった。

この章の主役は、コオロギをはじめとする「秋の鳴く虫」たちだ。

鳴く虫の中でとりわけ存在感を放つ存在として、クツワムシという大型の虫がいる。ハチの章でも登場した山形の自然写真家・永幡嘉之さんが虫仲間に結婚報告をしたときのクツワムシに関するエピソードは、虫屋のあいだで語り草となっている。

ある年の昆虫学会の夜。飲み屋でみんながくつろいでいると、永幡さんが右手にクツワムシ入りの袋、左手に彼女を伴って乱入してきた。「この人と結婚します」と報告するかたわら、クツワムシがギリギリギリギリと工事現場のドリルのような音で鳴きはじめる。そのたびに、飲み屋の卓をドンッ！　ドンッ！　と叩いて黙らせる永幡さん……結婚式のウェルカムベアはウェルカムクツワムシでもよかったのではないだろうか。

クツワムシは「あれ松虫が鳴いている」ではじまる童謡『虫のこえ』にも登場するくせに、風情とは無縁の騒音虫〈※1〉なのだ。クツワムシはガチャガチャと馬の轡（くつわ）〈※2〉がふれあう音に鳴き声が似ているためこの名がついたというが、猿轡（さるぐつわ）をかませたいくらいうるさい〈※3〉からこの名になったのでは？　とも邪推してしまう。

鳴く虫の音楽授業

それにしても、いわゆる「秋の鳴く虫」たちを見分けるのは難しい。虫採りに行けばツユムシやヤブキリを草むらで見かけるが、名前を教えてもらってもすぐ忘れてしまう。

「あそこでカネタタキが鳴いているね」などと言われても、いろんな虫が鳴いている中では聞き分けすら困難だ。そうこぼすと「それは直翅（ちょくし）愛が足りないね！」と一刀両断されてしまうが、否定できないところもある。

小さいころ、近所にスズムシを大量に飼っているおばさんがいて、秋になると分けてもらっていた。小学校の遠足では山に登り、青いリンドウの花とエンマコオロギをビニール袋いっぱいに採って「佃煮にでもするつもりか」と先生にドン引きされた。

※1　ちなみに永幡さんはそのまま虫屋合宿にもクツワムシを連れて行ったので、同室の人は全然寝られなかったと述懐している。

※2　轡は馬に手綱をつけさせるために口に食ませる金具のことだが、クツワムシも近年では生息地を減らし、轡ともどもお目にかかる機会が少なくなっている。

※3　うるさい虫にも上には上がいる。バッタ・コオロギ・キリギリスなどの直翅目（バッタ目）に精通した研究者でイラストレーターの中原直子さんによれば、

「わたしの同室同居経験から言いますと……。日本産の強者鳴く虫レベル：①カヤキリ②タイワンクツワムシ③アオマツムシ④クツワムシの順でしょうか。アオマツムシはダンナに飼育ケースを叩き割られ、タイワンクツワムシは父に配電ショートと勘違いされ通報される寸前でした」

とのことで、おおいに震撼させられた。

彼らを大きなプラケースに入れ、土にエサのニンジンやナスをつまようじで刺すとなかなか趣があったが、小学生の性（さが）ですぐ飽きてエサ換えの間隔が広がっていく。何が起こるか。共食いだ。ケース内に散らばるバラバラ死体が自分の罪を告発しているかのようで、だんだん直翅目全体から距離を置くようになっていったのだった。

そんな脛（すね）に傷持つ身のわたしだが、夜風に肌寒さを感じる季節になってくると、街中の貧相な植えこみからもさまざまな秋虫の音が聞こえることに気づく。駅前の街路樹の上で「リーッリーッリーッ」と大合唱しているのは、外来種のアオマツムシ〈※4〉だろう。側溝や駐車場の脇の雑草のかたまりからも、それぞれ違う虫の音が聞こえる。会社からの帰り道、何度となくしゃがみこんで探すのだが、暗い中に声のみが響きわたり、本体はまったく見つからない。

これらの虫の名前が全部わかっていたら、味気ない帰り道もどんなにか面白く感じられるだろう。一度、どこかで大量の秋虫たちに触れ、鳴き声を聞き比べるのが手っ取り早いのではないか。そう思っていたところ、観音崎の自然博物館による「コオロギ観察会」のお知らせを見つけた。秋の虫たちを一堂に展示するほか〝闘コオロギ〟なるものを見せてもらえるという。

いつも秋虫と共に～中国の「虫聞き」

神奈川県三浦半島の東端、横須賀のさらに先にある観音崎。京浜急行浦賀駅のホームに流れる

※4 アオマツムシは明治期に日本に侵入し、都市部で隆盛を極めている。

細工の凝らされた虫盒に入ったキンヒバリ

接近メロディーは、映画『ゴジラ』のテーマ〈※5〉だった。バスを降りてのどかな浜を歩いていくと、丸く透き通ったミズクラゲや波に洗われて丸くなったガラスなど魅力的な漂着物が次々と現れ、博物館へと急ぐわたしの行く手を阻んだ。

なんとなく予想していたが、コオロギ観察会に集まったのはわたしを除いて家族連ればかりだった。3〜7歳くらいの子供たちとその親の訝しげ（いぶかしげ）な視線が痛い。しかし、時間になって現れた館長さんのお話は、「昆虫は大人の楽しみなんだよ！」というわたしの心の叫びを代弁して余りあるものであり、心の平衡を取り戻すことができた。

まず回覧されたのは、細かい装飾の施された美しい小箱だった。その中に、ものすごく小さな虫が1匹だけ入っている。キンヒバリという、極小のコオロギの仲間だ。

「中国の上海や北京では、『虫聞き』がとても盛んです。虫をこの虫盒（ちゅうごう）に納めて懐に入れ、鳴き声を楽しみます。中国の人は朝よくお粥を食べるから、その米粒を1粒か2粒あげてね。車や電車で通勤するときには胸ポケット、昼間仕事をがんばるぞーっていうときはデスクの上、寝るときは枕元に置いて楽しむんです」

「虫によって朝・昼・晩と鳴く時間帯は異なる〈※6〉ので、シチュエーションによってそばに置く虫を変えるんです。今は胸ポケットに入れるのは虫ではなく、スマートフォンに取って代わられることも多いようですが……」

美しい入れ物には精緻な工芸品としての価値があり、虫盒のみを集める人もいるほどだという。わたしは館長さんが語る虫との生活のイメージに陶然としていた。デスクに声の美しい虫を置いて、虫と共に仕事……そんなことができたらどんなにはかどってしまうだろう……いや、虫に夢

※5 近くのたたら浜にゴジラが上陸したという設定にちなんだもので、自分が浦賀に上陸した謎の怪獣であるかのような気持ちになれる。

※6 朝：クサヒバリ、昼：キンヒバリ、夜：ヤマトヒバリというコオロギの鳴き声が合うとされているという。
夜のヤマトヒバリは静かな中でしか聞こえないほどの音量。後日あらためてお話を伺ったところ、ヤマトヒバリの声を聞きながらの夜の営みはいわゆる「燃える」効果があると言われているが、子供のいる場では自粛せざるを得なかったそうだ。

中になって最高に仕事がおろそかになる可能性のほうが高いか……。
「鳴いている虫を探してみましょう」と誘われ、一行は外に出た。海にはたくさんの船影が見える。岬の草地に無数のトンボが飛んでいる。とまって休んでいるのはアキアカネ、ほぼ静止することなく低空飛行しているのは北への渡りの途中のウスバキトンボだ。「明日には青森あたりまで行ってるんじゃないかな」と教えられ、驚きあきれる参加者たちだった。
芝草の下では「コロコロリー」とエンマコオロギが力強く鳴いている。

館長さん「エンマコオロギには3種類の鳴き方があって、お嫁さんがほしいときの優しい誘い鳴きと、オス同士威嚇しあうときの鋭いおどし鳴き。今聞こえているのは、まわりに仲間がいないときの鳴き声だね」

メレ子（おさびし鳴き……!!）

虫の種類だけでなく、シチュエーションによって鳴き方も変わるとは。いろんな虫の鳴き声の種類を知るだけでなく、「誰それが寂しがっている」とか「誰それはさっきまで誘い鳴きをしていたようだが、静かになったのでうまくやったようだな」というところまでわかれば、もうそれは動物の言葉を解するドリトル先生なみの豊かな人生ではないか。
そのほか、「チリチリチリ……」と鳴くイソカネタタキや「キキキキキ……」と鳴くハラオカメコオロギの声も教えてもらい、いよいよ室内に戻ってコオロギの闘いを見ることになった。

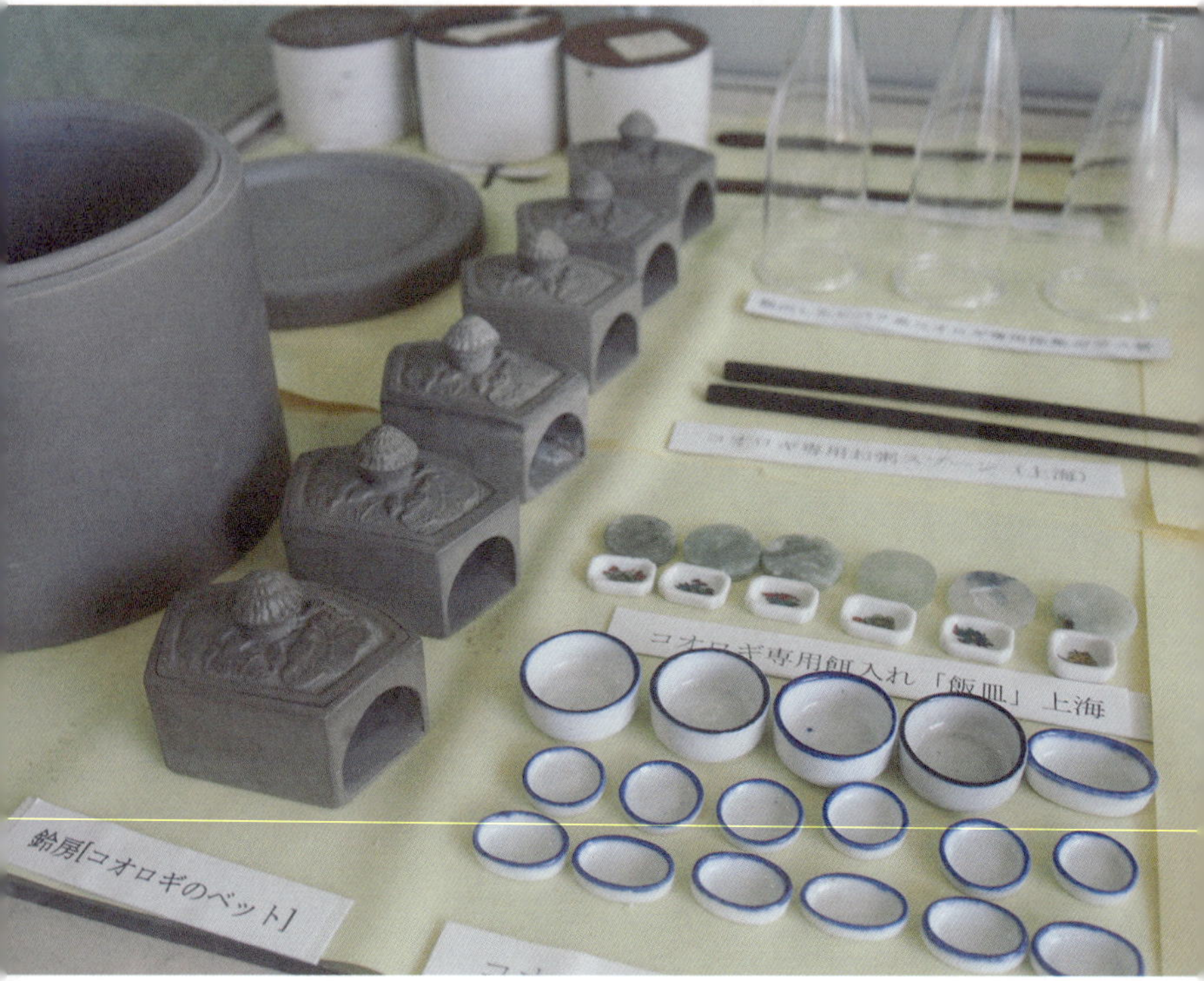

秋虫飼育のための道具の数々。コオロギやキリギリスを飼育するための餌皿や、養盆という素焼きの入れ物（素焼きなのは、コオロギたちが乾燥に弱いため）も展示されている。壁に掲示されている説明文には虫聞き文化の発祥から、現代の虫盒づくりの名匠紹介も。館長さんが長年にわたって、本気で虫聞きに魅せられていることが伝わってくる

コオロギの闘い

コオロギの闘いというと、どうしても共食いの光景が甦るが、これから見せてもらう中国の闘コオロギのビデオには少なくともそんなスナッフ色〈※7〉はないようである。

北京オリンピックに備えて小綺麗にされてしまう前の、迷路のような雰囲気ある路地が映し出される。夜になると人々がコオロギを連れて集まってきて、明かりを灯した屋内で白熱したコオロギ相撲が行われるのだ。闘蟋（とうしつ）〈※8〉、あるいは秋興（チウシン）という風流な名前でも呼ばれる。

強いコオロギを持つのは、最強馬の馬主になるのと同じこと。強いコオロギにするために何種類もの漢方薬を水に溶いて飲ませるというエピソードなどは、クモの章に出てくるヤマコッキッゲたちを思いださせる。

今日闘わせるのは、フタホシコオロギとツヅレサセコオロギの2種類だという。フタホシコオロギは爬虫類などのエサ昆虫としてペットショップでも売られているし、ツヅレサセコオロギは住宅地にも住んでいるので入手しやすく、闘争心が高いので闘蟋向きらしい。

館長さんは、まず茜草（せんそう）という、草の茎を乾かして先を筆のように細かく割ったものを取り出した。これでコオロギの触角をくすぐると、コオロギの闘争心を飛躍的に高められるという。茜草

※7 昆虫スナッフといえば『世界最強虫王決定戦』という、カブトムシとサソリなど、普段自然界で出会うことはありえない虫を闘わせる異種格闘技的なDVDがある。怖いもの見たさでつい手を出してしまったのだが、その中でいちばん「見るんじゃなかった……」と思わせられたのが、誰が決めたか世界三大奇虫に数えられるヒヨケムシVS東南アジアの獰猛な肉食コオロギ・リオックの争いだった。

ヒヨケムシは熱帯乾燥地域に多く生息するクモとサソリを足したような肉食の虫で、大きいものはネズミや小鳥まで食べる。しかし、リオックの強大な顎の前には彼の外皮はソフトすぎた。最初から、リオックはごはんの時間だとしか思っていないのだ。ヒヨケムシを頭からもしゃもしゃ食べるリオックの大写しと、いかにも素人っぽい「リオックの勝利だー!!」というナレーションを前に、ハンディカムの画質の粗さに感謝するほかなかった。

を巧みに使えるかどうかでコオロギの強さが決まるとまで言われ、日がな一日茜草をプルプルさせ、指を鍛えている人もいるとのこと。ドラムのスティックでずっとタンタンやっている人ならいないこともないが、まさかコオロギを怒らせるために手を震わせ続ける人がいるとは……世の中は広い。

観察会の参加者は、一人ずつコオロギに茜草を使ってみることを許された。この手の会には、必ず一人は「虫博士」、あるいは「虫奉行」とも呼ばれる異常にプレゼンスの高いお子さんが参加しているものだが、この日も「その虫、見たことある気がする」「白いコオロギって知ってる？（脱皮したてのコオロギのことかと思われる）」と、トークを自分のペースで進めようとする虫奉行が約1名いた。

館長さん「気をつけてほしいのは、この草の穂先を地面にぐちゃっと当てて折らないようにすることです。君たち3歳から5歳くらいの子は、いくら言ってもやっちゃうんだけどね」

虫奉行「おれは6さい！」

館「うん、6歳で3歳と同じレベルのことやってちゃ駄目だな」

人間同士のぶつかり合いも、コオロギ相撲以上にハラハラさせられる。

全員が闘盆のまわりに集まるのは難しいので、試合はプロジェクタに投影された。ルールはいたってシンプルで、噛みつかれて闘志を失い、背を向けたものが負けである。

※8 中国の闘コオロギ文化については、フリーライターの瀬川千秋さんが何年もかけて中国に通って書かれた『闘蟋 中国のコオロギ文化』（大修館書店）に詳しい。ひっそりと行われることが多いコオロギ相撲の現場に体当たりで飛びこみ、名人に弟子入りまでして書かれた文章は圧巻だ。

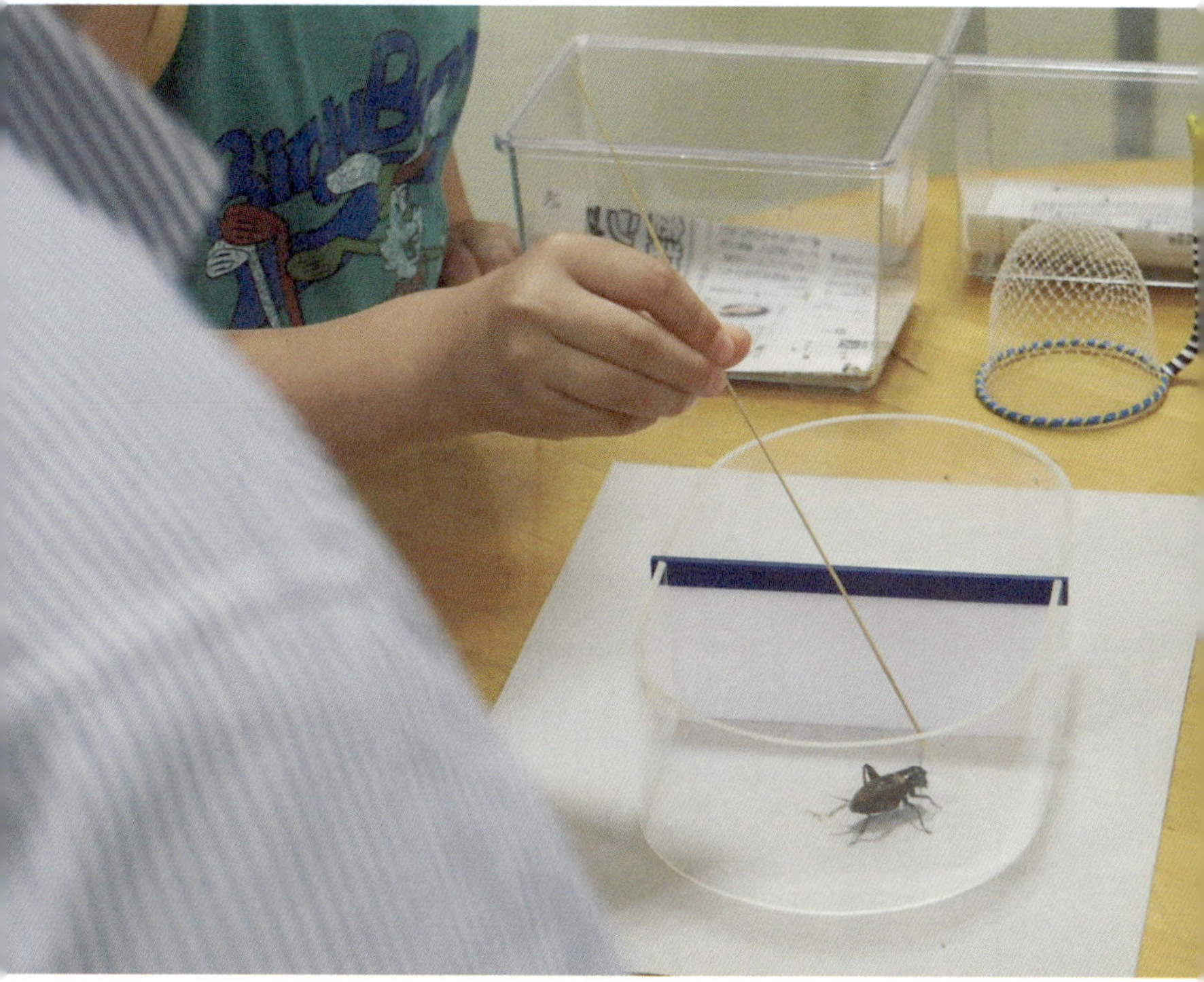

茜草で触角を刺激され、戦意をかきたてられるフタホシコオロギ。コオロギを闘わせる際に入れる闘盆は、最近では見やすいように透明のアクリル製のものがよく使われるらしい

驚いたことに、勝ったコオロギはすぐさま翅をピンと立て「リー、リー、リーリーリー（どうや！　ワイや、このワイが勝ったんや！）」と勝利の勝ち鬨を上げるのである。メンツを潰された敗コオロギはションボリとして、いくら追い立ててもふたたび闘うことがない。意気消沈状態は、そのままだとひと晩ほど続いてしまうそうだ。

館長さん「実は、これを速攻で回復させる秘策があります」
メレ子（オッ……）
館「メスと二人きりにしてやると求愛のスイッチが入って、負けた記憶は上書きされてしまうのでその後すぐ闘えるようになります」
メ（す、すごい！　昭和マンガの男子キャラクターなみにアホっぽい！）

美しい声、闘うときの勇ましさ、そして人の心の動きを最高に単純にしたようなスイッチの切り替わりの速さ。たしかにコオロギとの暮らしは、とても楽しいものかもしれないと思わせる対戦だった。

9月から10月にかけては、中国各地で闘蟋大会が開催される。館長さんがある年見た上海の最強コオロギと北京の最強コオロギの対戦はなんと35分を要し、勝ったほうのコオロギには3500万円もの値がついたそうだ。ご想像のように、闘蟋と賭博は今なお深い関係にある。スポーツとしての闘蟋大会の写真が新聞の一面を飾る一方で、コオロギ賭博で逮捕された人々の写真が裏面に並ぶという〈※9〉。

※9　もちろん、闘蟋の楽しみは上でも述べたように、単なるギャンブルだけではない。日本

上海や北京には虫や魚を商う市場があり、そこには数多のキリギリスやコオロギ、そして成熟した虫聞き文化を持つ国ならではの繊細な虫道具が売られているという。いつか訪れて、虫市場をふらふらとさまよってみたい。

コオロギの知らせる冬支度

「いいじゃん、鳴く虫いいじゃん」と調子に乗ったわたしは、ネットで鳴く虫と飼育用品の専門店〈※10〉を見つけ、2匹のツヅレサセコオロギのオスを購入したのである。届く前から、強そうな名前にしようと「ゲバボー（ゲバ棒）」と「バリフー（バリケード封鎖）」という名前まで考えていた。

　届いたその日、虫カゴに移そうとしたところ、ゲバボーは新聞紙を敷いたプラケースの底に降り立って、何かを考えるような顔をした気がする。あっという間もなく、ケースのふたとわたしの手のあいだのわずかな空間をすり抜けてピョーンと高く跳躍し、そのまま家具のすき間に逃走した。観察会で意のままにコオロギを扱う館長さんの慣れた手つきを見過ぎたせいか、わたしは彼らの敏捷さを完全に忘れていたのだ。

　その夜は部屋の中のどこかで鳴くゲバボーと、虫カゴに移送したバリフーの鳴き交わしが部屋に響きわたり、すごく風流だった。「風流つらい」という新ジャンルの感情があることを、齢30

のくも合戦のように、金銭を賭けずに楽しめるスポーツとして秋興を受け継いでいこうとする動きもある。

※10 鳴く虫処　AkiMushi（www.akimushi.com）

にして知った。

コオロギは、水分が十分にないと生きていけない生き物だ。隠れ家に見せかけたトラップにエサを置いて再捕獲する方法も人から教えていただいたのだが、翌日の夜以降、室内でゲバボーの声を聞くことはなかった。またも罪を重ねてしまった。


写真家の高嶋清明さんによる『鳴く虫の科学』（海野和男 監修／誠文堂新光社）では、セミやスズムシ、バッタやカミキリムシといった発音する虫の生態や、音を出す仕組みについて美しい写真で解説されている。その中のコラムに、ツヅレサセコオロギに関する文章があった。冒頭でわたしが夢うつつに聞いた、5分10分と続くツヅレサセコオロギの鳴き声。むかしの人は、この声を「肩刺せ裾刺せ綴れ刺せ」と聞いたそうだ。人家近くに住むこのコオロギの鳴き声を聞いて、人々は冬の気配を感じ、急いで破れたりほつれたりした着物に綿を入れ、繕ったのだろう。

いつの間にか、夜風は風邪を引きそうなほど冷たくなっている。ツイッターのわたしのタイムラインには、季節の終わりを惜しむ虫屋たちの呪詛が並んでいる。虫と人の交わる世界の広さに驚くことばかりのわたしには、ツヅレサセコオロギの声は冬支度を急かすというより「虫採れ虫見れ虫と会え」と、過ぎ行く秋に最後のもうひと頑張りで食らいつけと言っているようにも聞こえてきた。

〔18〕

ダニ

よちよち歩きのチーズ職人

ライター
ミルベンケーゼ博物館　Milbenkäse Museum

壁蝨

鋏角亜門クモ綱ダニ目に属する、昆虫ではない虫。動物の体液を吸うイメージが強いが、それらは地球上に住む膨大なダニの仲間のほんの一部に過ぎず、多くは土壌生物として落ち葉などを分解する役割を果たしている。

赤いベルベット

鎌倉時代の説話集『古今著聞集』に、シラミが仇を討つ話がある。

ある商人が、旅の宿でシラミに血を吸われた。潰して殺そうとしたが、退屈しのぎに柱の穴に閉じこめて紙でふさぐ。1年後にまた同じ部屋に泊まったので思いだして穴を開けてみると、シラミはなんと痩せ細りながら生きていた。驚いて手に乗せると、すぐに血を吸いはじめる。しかし、その傷口からやがてひどいかゆみが広がり、皮膚は膿み崩れ、商人はむごい姿で息絶えた。

小さな生きものといえど、ひどい仕打ちをしてはならないというお話らしい。しかし教訓は別として、シラミやノミ、そしてダニなどの害虫〈※1〉に対する世間のイメージというのはおおむねこんなものだと思う。耐え難いかゆみをもたらすだけでなく、時として深刻な病気を媒介する。

わたしも若干ダニアレルギーの気があり、ツメダニが活発化する夏になると、ふくらはぎが大変なことになる。カのかゆみがせいぜい1日か2日なのに対し、ダニ刺傷は1〜2週間もしつこいかゆみが続き、掻きこわしが見苦しい。

「じゃあなんでダニの話なんかするんだよ！　ダニにときめく要素なんてないし見つける必要もないよ！」と思うかもしれないが、ダニ研究者の島野智之さんの名著『ダニ・マニア　チーズを

※1　ちなみにノミ、シラミは昆虫の仲間だが、ダニは鋏角亜門に属し、昆虫よりクモやサソリに近い動物だ。
ハチの章で訪れたヨーコさんの畑の近くには、ツツガムシの碑が建っていた。恙（つつが）は病気や天災などの災いの意味で、「つつがない＝恙無い」といえば、平穏であることを表す。ツツガムシはダニの仲間だが、リケッチアという深刻な病気を引き起こす寄生虫を媒介する。

つくるダニから巨大ダニまで』（八坂書房）によれば、日本にいるダニは約１８００種。そのうち人を吸血するダニは約20種と、悪いダニは約1パーセントにすぎない。もちろんハダニなどの農業害虫もいるが、多くは落ち葉などを分解し、森を肥やす存在なのである。

はじめてポジティブな意味でダニを意識したのは、ダニエル〈※2〉の存在が大きい。ダニエルは、AntRoomの島田拓さん〈※3〉から購入したインド産の大きなナミケダニだった。英名は**Red Velvet Mite**（レッド・ベルベット・マイト）。全身が真っ赤なベルベットのような細かい毛に覆われている。8本の脚で大儀そうによちよち歩く姿にハートを鷲づかみにされて買ってしまった。島田さんによれば、小さな虫などを捕らえて食べているらしいが、飼育下では何も食べなくても1年ほど生きるという。しかし、たとえ島田さんが「人の鮮血をすするので、こんなに赤く美しいのです」と言ったとしても、喜んで我が血を差し出しただろう。

しかし、ダニエルはまもなく死んでしまった。温度や湿度が、ダニエルの出身地であるインドに合わせられなかったのだ。死んだことをなかなか受け入れられず、数日間「大丈夫……ほら、もともとほとんど動かないから……今はちょっと寝てるだけ……」と自分に嘘をついていた。

ダニエルの死からしばらくして、会社でのこと。わたしはなかば無意識に着ていた赤いセーターの毛玉をむしりながらまじめに仕事の話をしていたが、やがて手の中にできた毛玉の集合体を見て固まった。それはあまりにダニエルに似ていた。「ダニエルー！」声にしてはならない叫びが、胸の中でこだました。

むかしは東北の深刻な風土病で、たくさんの人が亡くなった。

※2 男性名のダニエルではなく、女性名のダニエラだったかもしれないが雌雄は今となってはわからない。

※3 アリその他の生きものを、ネットショップやイベント出店で販売されている。詳しくはアリの章（P35）を参照。

腹を上にされてあわあわするダニエル。故郷のインドの村では、なんと漢方薬として利用されるそうだ。著名なダニ研究者の五箇公一先生が書かれていたコラムでそれを紹介する動画があることを知り、YouTubeで見つけることができた。雨季の終わり、芝生の大地にナミケダニたちがわらわらと現れる。村の人々がそれを手づかみで採って集める。チョークのような粉で、地面に魔法陣のような文様を描く女性。その上に置かれた平盆の中でもごもごしているダニたち。ダニ盆を今度は草を編んだブランコの上に乗せ、みんなで歌いながらブランコをブラブラする。晴れ着を着た少女もブランコに乗せてもらって、笑顔で揺られている――薬になるダニの恵みに感謝する祭り、いつか自分の目で見てみたい風景のひとつだ

チーズダニの村へ

ダニエルで一気にダニに興味を持ったわたしは、世界の変わったダニを調べはじめた。『ダニ・マニア』には、フランスの有名なチーズであるミモレットも、ダニの助けを借りて発酵しているとあった。日本に輸入される際、チーズの表面にいるダニはエアスプレーで吹き飛ばされてしまうそうだ。しかし、「元気なダニはよいチーズの証」と、産地での状態に近い新鮮なチーズを販売していることをうたっている輸入業者もある。さっそく注文してみることにした。

宅急便で届いた包みを開くと、チーズの芳香が立ちのぼる。切断面は鮮やかなオレンジ色だが、表面は黄色い粉を吹いてクレーターのようにでこぼこだ。表面をよく見ると、白くキラキラと光る粒が！　これがミモレットを作るチーズコナダニだ。まわりの黄色い粉は、ダニがチーズに穴を掘ったり、チーズを食べて出した排泄物らしい。ダニはチーズの中へずっと食い進んでしまうのではなく、表面をちびちびといただくだけなのでご安心を。ダニの消化管液に含まれる酵素がミモレットの発酵を助けるのだ。

ダニを熟成に使うチーズ〈※4〉は、ミモレット以外にも複数ある。ちょうど数カ月後の11月に、ドイツ〈※5〉への出張を控えていた。ドイツにもミモレットのようなダニチーズはないか、ネットで調べると「Milbenkäse（ミルベンケーゼ）」というものが出てきた。

※4　ダニを使ったチーズは、ドイツのアルテンブルガーチーズなども知られている。その他、虫を使ったチーズで特にインパクトが強く有名なのは、イタリアの「カース・マルツゥ」だ。これはハエのウジ虫をわかせたチーズで、ウジが消化酵素を体外に出してチーズを溶かすので、トロトロの食感になるという。衛生上の懸念からイタリアでは販売を禁じられているが、闇市では高価で取引されるそうだ。

ミルベンケーゼ – Wikipedia

ミルベンケーゼ（独：Milbenkäse.「ダニチーズ」の意）は、ドイツ特産のダニ入りチーズである。現在では、ザクセン＝アンハルト州のヴュルヒヴィッツ村だけで生産されている。（中略）このチーズの伝統は中世に遡るが、１９７０年ごろにはすでに老齢のリースベト・ブラウアー（Liesbeth Brauer）がその製法を知るのみで、殆ど失われかけていた。この地域の科学教師ヘルムート・ペッシェル（Helmut Pöschel）は、彼女から正しい作り方を習い、仲間のクリスツィアン・シュメルツァー（Christian Schmelzer）と共に、このチーズの伝統を蘇らせた。

いきさつも含めて興味深い。何より、Wikipediaに掲載されていた写真にわたしは目を疑った。それは広場のようなところに建った白く巨大なダニの像で、さらにこう書いてあった。

ヴュルヒヴィッツには、現在、ミルベンケーゼ生産の再生を祝う記念碑が建てられているが、この碑の背面は空洞で、通行人や観光客が食べられるように、ここに定期的にミルベンケーゼが補充されている。

「ウ……ウソくせぇ……」まるでＲＰＧではないか。ドット絵の植えこみを調べると出てくる薬草や、回復の泉みたいだ。そもそもダニ像ってなんだ。この像を建ててしまうセンス、ただものではない。ヴュルヒヴィッツ村、どんなところなんだろう……。

※5 わたしがいちばん最初に触れたドイツといえば、教科書に載っていたヘルマン・ヘッセ『少年の日の思い出』。クジャクヤママユというガに夢中になった昆虫少年が友達の信頼を失うまでの、最高に気まずいお話だ。本格的な標本箱を「ドイツ箱」と呼ぶし、ドイツ人もそれなりに虫に親しんでいるのかと思っていたが、なんと今のドイツでは昆虫採集が基本的に禁止されているらしい。環境への意識は高いのだろうが、アマチュアに支えられている日本の昆虫界の様子を少しでも知っていれば、ずいぶん妙な状況に思える。

情報は圧倒的に不足している。出張先はドイツ南部のミュンヘンだが、ヴュルヒヴィッツ村はドイツ北東部で、地図で見てもだいぶ離れているようだ。しかし、ネットで情報を漁って調べるほどにここに行くことしか考えられなくなっていた。

行くと決めてしまえばどうにかなるもので、ニコニコ学会βの報告会でお知り合いになった昆虫研究者の矢崎英盛さんが、ミュンヘンに住む友人の丹羽伸治さんを紹介してくれたのだ。丹羽さんはヴュルヒヴィッツ村への行き方などを丁寧に調べてくれただけでなく、「僕は仕事でごいっしょできないのが残念だけど、妻のサラが『旅費が出るなら喜んで同行するなんだけどねぇー』と怪しい日本語で言ってます」というメールをくださった。わたしはこれを逃す手はなし！〈※6〉と飛びついて、サラさんにガイドしてもらうことになったのだ。

ヘルムートの歓待

11月のミュンヘンは、街じゅうがクリスマスへの期待感でいっぱいだった。市場のヴィクトリアンマルクトには大きなリースや、白い実をつけたヤドリギ〈※7〉が売られている。丹羽さんに案内してもらいながら、色とりどりのチーズの山にダニがいやしないかと目をこらした。

丹羽さんは虫屋ではなく〝ドイ釣研〈※8〉〟所長を務めるほどの魚好き。奥さんのサラさんは笑顔がまぶしい赤い髪の美女で、日本の大学に東洋史を学びに来て丹羽さんと出会ったという。

※6 あとからわかったことだが、旧東ドイツに属するヴュルヒヴィッツ村ではおよそ英語が通じない。ドイツ語を話せる相棒がいなくては、旅するのはなかなか厳しい（英語であれば厳しくないかというと別問題だが……）。

※7 ヤドリギ（宿り木・寄生木）は、ほかの樹木に寄生する植物。鳥に実を食べさせて種子を散布し、宿主植物の枝から芽生えて緑や黄色のボール状に成長する。ヤドリギの実は非常に粘り気が強く、それを食べた鳥のフンも1メートルにわたってどろっと垂れ下がることもあり、宿主植物に定着しやすくなっている。

ヨーロッパでは「クリスマスに飾ったヤドリギの下では誰でもキスしてよい」という風習があり、スーパーでも飾り物としてヤドリギが売られている。

さらに旅行社勤務で、なんと定価の3分の1で電車のチケットを取ってくれ、ガイドとしてこれ以上望むべくもない。サラさんの分の旅費を出すといっても、ヴュルヒヴィッツへの一泊旅行の前後は丹羽さん宅に泊めてもらうのだし、差し引きで完全に得してしまっている。

翌日は暗いうちからミュンヘン駅に向かう。暗いうちといっても、冬のドイツは8時くらいにならないと夜が明けない。高速鉄道の車窓がだんだん黒から青に染まっていくのを見守った。

ミュンヘン中央駅から2回乗り換え、ヴュルヒヴィッツの最寄り駅であるZeitz（ツァイツ）へ。ここからさらにバスとタクシーを乗り継ぐ。片道7時間あまりの道のり〈※9〉だ。タクシーは閑静な住宅街でいきなり止まると、我々を降ろしてブーンと去ってしまった。どこがミルベンケーゼ博物館だとも言わなかったが、大丈夫かな……と思う間もなく、目の前の小さな広場に立っているモミの木の向こうに、あの白い像が建っているのが目に入った。

どんよりした曇り空の下に建つ巨大なダニの像。丸い胴体に短い8本の脚、牙のような鋏角という器官。人に愛着を抱かせるためのゆるキャラ的な擬人化・デフォルメなどは一切ない。

そうだ、「チーズ穴」の真相を突き止めなければ。胸を高鳴らせて後ろに回ると、たしかに台座に小さなくぼみがある（もしかしてダニのおしりに当たる部分に穴が開いているのかと思ったが、そう悪趣味ではないらしい）。くぼみの幅も奥行きも10センチないぐらいで、中には何も入っていなかった。やっぱり……とは思いつつ、ちょっと残念な気持ちもある。しかし、たしかにこんな場所にチーズを入れておいたら夜露ですぐ傷んでしまいそうだ。

広場の脇には納屋があり、柵の中には子ヤギがいる。このヤギからとれたチーズでミル

※8「ドイツ釣り研究所」の略。丹羽さんは魚は釣るのも食べるのも見るのも調べるのも大好きで、周囲から「さかな」とあだ名される「ドイツのさかなクン」。「今後はウェブサイトとか作ってどんどんドイ釣研を盛り上げます」とのことです。ドイツ在住の魚好きはぜひご一報を。

※9 日本からヴュルヒヴィッツを目指すのなら、本来は国際空港のあるライプツィヒからZeitzに向かうのが正しい。出張に抱き合わせることで、かなりの強行軍になっている。

ダニの像と記念撮影（上）。ダニ研究者の鈴木丈詞さんからは「鋏角にハイタッチ！　喉からダニが出るくらい羨ましいです」と、ダニ研究者らしい感想をいただいた

そして疑惑のチーズ穴（下）。貯蔵庫というよりただのくぼみだが、一応ここにミルベンケーゼが入れられることもあるようだ

ベンケーゼを作るのだろうか？　そこに1台の車が走ってきた。車の後ろには、「www.milbenkaesemuseum.de」と書いてある。ミルベンケーゼ博物館〈※10〉の館長、ヘルムート・ペッシェル氏が約束どおりの時間にやってきたのだ。

車はすぐそばの民家に入っていく。2匹の猫がくつろぐ庭のテーブルには花籠が置かれ、そのままカレンダーにできそうな素敵な田舎家だ。ガラスドアの横には、かわいいダニのマークに「MILBENKÄSE MUSEUM」と刻印された銅のプレートが貼ってある。

ヘルムートは恰幅のいいおじさんで、歓迎の辞をマシンガンのように述べながら、盛大に頬にキスしてきた。慣れない挨拶に目を白黒させつつ、博物館――ヘルムートの生家だとのちに知った――に入る。

足を踏み入れると、独特の湿ったにおいが鼻をついた。部屋はミルベンケーゼとダニに関するものでいっぱいだ。ミルベンケーゼを取り上げたガイドブックやポスター、石のように硬くなったチーズを加工したアクセサリーまである。ダニのぬいぐるみは、ミルベンケーゼを食べるとダニアレルギーが軽減されるとして研究対象にしている製薬会社が作ったものらしい。

出てきたお皿には、丸いチーズがのせられていた。ミルベンケーゼだ。灰色の粉がたっぷりとかかっているが、チーズの端から断続的にサラサラと粉がこぼれ落ちている。お皿に取られたことで外気に触れ、危険を察知したダニが、ふたたび安全な場所に戻ろうとしてチーズの崖からダイブしているみたいだ。チーズから「あれー」「あーれー」というダニたちの甲高い声が聞こえるような気がした。フラッシュを焚いて撮ってみると、チーズの表面にはほとんど隙間なく、半透明の乳白色にキラキラと光るダニがついているのがわかる。

※10 住所は、deSporaer Strase 8 D-06712 Würchwitz（見学時は要予約）

日本から直行する場合、ライプツィヒ中央駅からZeitz駅までは、急行電車で40分。Zeitz駅からタクシーを手配するのがよいと思う。

下記のサイトでは、ミルベンケーゼの発祥や作り方などを紹介するほか、オンラインショッピングも行っている。ちなみにミルベンケーゼ（小）は8・99ユーロ、（大）は12・99ユーロ。

博物館HP（www.milbenkaesemuseum.de）

ミルベンケーゼを紹介するWebサイト（www.milbenkaese.de）

ミルベンケーゼとドイツビールをふるまうヘルムート（上）。右下にある灰色の粉がかかったチーズがミルベンケーゼ

ミルベンケーゼについていたダニの標本。鈴木丈詞さん作成・撮影（下）。肉眼だと白くキラキラしているダニが、顕微鏡だとこんな風に見えるなんて！　熊本県で一世を風靡中のゆるキャラ「くまモン」に胴と足の比率が似ている。同じ地域おこしキャラとしてタイマンを張れるのではないだろうか

ヘルムート「ミルベンケーゼはとっても身体にいいんだよ！　この前はマフィアが来てぜんぶ買い占めていったし、宇宙飛行士も宇宙に持っていったんだ。日本の男はどうだい？」
サラさん「……これ以上は訳せません〈※11〉」
メレ子「うん、半分くらいしか訳してもらってないのもわかるし、あと半分でどんなことを言っているかもなんとなくわかります。不思議と……」

セクハラおっさん語は世界共通言語なのだろうか。しかし、あのダニの像といい、ただのセクハラおっさんではなさそうだ。この地域は戦時中は工業都市だったが、戦後に工場が撤退し、人口の流出が深刻になっている〈※12〉。そんな中、東ドイツ時代の記録映画を撮り、文化補助金を得て上映したりしているヘルムートは実に生き生きとしている。「ミルベンケーゼおじさん」はテレビにも引っ張りだこらしい。

パンに分厚くバターを塗り、ミルベンケーゼをのせてもらう。口に運ぶと、からすみのように濃厚で、これぞ発酵食品という味がした。独特の苦味があり、かなり塩気が強いがおいしい。
「東ドイツ時代、スシというものを食べてみたくてね。西の友人にショウユとワサビを送ってもらって、こっそり海に行ってフォークで魚を突いたよ。パンに切り身をのせて自分なりのスシを作ったの、懐かしいな～」

※11 あとからサラさんに聞いたところでは「3時間ぶっ続けでできる！」と言っていたそうだが、ヘルムートのお歳で3時間できているとなれば、ミルベンケーゼは強精剤市場に鮮烈なデビューを飾れそうだ。

※12 ヴュルヒヴィッツの最寄りの都市であるZeitzの街も元は歴史ある城下町だが、美しかったはずの家並みの実に2～3割が廃墟と化していて凄みがあった。「文化は死んだ」というスプレーの落書きに、ドイツ南部のシュトゥットガルトで育ち、ミュンヘンで働いているサラさんはカルチャーショックを隠せない様子だった。

食に貪欲な姿勢を見せるヘルムート。ヤギに牛、3カ月熟成させたものから1年寝かせて芯まで硬くなったチーズと、次々と味見させてくれる。ミルベンケーゼの主原料は、Quark（クヴァルク）というフレッシュチーズとライ麦粉だ。丸めたチーズを、ダニが繁殖しているライ麦粉の入った木箱に埋めて熟成させる。ぬか床と同じ要領で、定期的にライ麦粉を足してかき混ぜる。ダニはチーズの表面とライ麦粉を半々で食べ、おいしいチーズが育つのだという。「ダニにごはんをあげてもいいよ！」と言われ、ライ麦粉を木箱に混ぜ入れる作業をさせてもらった〈※13〉。

ヘルムート「ヤパーナー〈※14〉が来るのは久しぶりで嬉しいなあ。僕は前から日本人はかわいいなって思ってたんだよ……（サラさんの判断により訳は中断された）なんでここを知ったの？」

メレ子「インターネットで見たんです。ダニの像の後ろにチーズが入ってるって書いてあったんですけど、やっぱりそれは嘘でしたね」

へ「あれねー、たまに入れてるけど本当にすぐなくなっちゃうんだよね〜」

メ「え！　入れてるの！」

古い顕微鏡でキラキラ光るコナダニを眺めていると、ヘルムートが「このあと近くのワイナリーに行こう」と言いだした。ワイナリーに着くと、ヘルムートは白いコック服に着替え、赤い前垂れをかけて働きはじめる。胸ポケットには「Docteur de fromage（チーズ博士）」のプリント。「君たちにはいちばん大事な仕事をしてもらう」と、ホースラディッシュ（西洋ワサビ）とリンゴ

※13　ヘルムート自身は小さいとき、ミルベンケーゼを作っているところを見ることはあってもダニの存在は隠されていたらしい。時代が下るに従ってダニやその他の不快害虫が忌避されるようになり、ミルベンケーゼは誇るべき文化ではなくなっていったのかもしれない。

※14　Japaner（ヤパーナー）は、ドイツ語で「日本人」のこと。

をゴロゴロと転がされた。おろし金ですって、付け合わせのソースを作れというのだ。

「目にチョー沁みるよ！　泣いたら写真撮るからね！」

それから1時間、泣きながらホースラディッシュと格闘。痛む喉に白ワインを流しこんでほろ酔いになり、ワイナリーの家族ともうちとけた。茹でた紫キャベツとにんじん、じゃがいも、そして力作のソースを添えたドイツ鯉のポトフは、鯉がとろけて絶品だった。その日は地元の名士が集まる夕食会だったらしく、いきなりお客さんが集まる広間に連れて行かれ「今日のソースはこのヤパーナーとサラちゃんが泣きながら作りました！　拍手！！」と紹介されるなど、ヘルムートのおかげで忘れられない夕食になったのだった。

帰国後、あのダニたちのことをもっと詳しく知りたくなった（ドイツでは、ダニより強烈なおじさんの話を聞いていたら、あっという間に時間が経ってしまったのだ）。ハダニ研究者の鈴木丈詞さんにダニのプレパラート標本を作成いただき、コナダニ研究者の岡部貴美子さんに同定していただいたところ、*Tyrolichus* 属の一種〈※15〉であることがわかった。

チーズの崖を転がり落ちるダニたちを今も思いだす。彼らは現時点ではチーズの有用添加物としてのお墨つきが足りず、日本での販売は難しい。チーズ職人として認められる日が来れば、ヘルムートが冗談で言った言葉「日本でミルベンケーゼの代理店をやらないか？」が、本当に実現してしまうかもしれない。日本にチーズの新市場を拓き、ひと儲けしてチーズ博士を日本にお招きしよう。帰りにライプツィヒの街で見たアボカド巻みたいな「ジャパニーズ・スシ」じゃなくて、本物の大トロを食べさせたい。

※15　ミモレットを発酵させるのはチーズコナダニ（*Tyrolichus casei*）だが、ミルベンケーゼについていたダニはこれと同属だが別種（種名は不明）という興味深い結果になった。鈴木さんには「個人的には、普通種のケナガコナダニではなかったので『おおー！』と思いました」と言っていただいた。

オサムシ

「歩く宝石」の見つけかた

筬虫

甲虫目（鞘翅目）オサムシ科オサムシ亜科に属する。織機の部品である筬（おさ）に形が似ているため名づけられた。林床に住み、カタツムリ食やミミズ食のものがいる。翅は退化して飛べず、各地で容易に種分化して亜種を生じる。

オサムシトートバッグ
〔布〕
マメコ商会 Mameko Shokai

冬の日の輝き

ある冬晴れの日、わたしは実家の庭で、まだ見ぬ宝を求めて土を掘り返していた。10歳になるかならないかのころだったと思う。ちょっとした傾斜の地面に、鉄片が埋まっていた。乾いた土からそれを抜いてみると、鉄片はほとんど朽ちてぼろぼろだったが、抜いたあとの穴から何やらキラキラしたものが走り出てきた。

触角や脚先まで朱・青・緑に輝くハンミョウ（斑猫）だった。大きく交差した鋭い鎌のような顎に、大きな丸い複眼。冬眠を邪魔されたハンミョウはまごつくわたしをじろりと見て、目にも止まらぬ速さで走り去った。冬空の下にいきなり現れた輝きが忘れられず、周囲を掘り返してみたが二度と見つからなかった。

ハンミョウ類やオサムシ類を擁するオサムシ科の仲間は、とにかく俊足だ。中でもわたしたちの身近なところに生息するハンミョウは、近づくと2、3メートルほどスーッと飛んでこちらを振り返るという人間くさいしぐさを見せるので「ミチオシエ（道教え）」の別名を持つ。

都会でも大型の緑地などであれば、比較的見つけやすいのがアオオサムシだ。緑の光沢のある翅に点線のような刻印があり、なかなか美しい。残念ながらわたしが持っているアオオサムシの写真は、木道であえなく人に踏み潰され天に召されたあとか、生前であってもミミズや昆虫の死体に大顎を埋め、死肉からあふれるエキスを夢中で貪っているものばかりだ。死後あるいはお食事中でないときのオサムシは、人の気配に極めて敏感でなかなか撮らせてくれないのである。

歩く宝石

オサムシの仲間は、後翅が退化して空を飛べないものが多い。林床を長い脚で走りまわって小さな昆虫を捕らえ、あるいは新鮮な死肉に群がる。さらに身を守るための手段として、おしりから刺激臭のある分泌物を噴射する。こうして書くとだいぶ嫌な虫だが、実はオサムシは虫屋人気がとても高い。漫画家の手塚治虫のペンネームも、こよなく愛したオサムシにちなんでいる。

オサムシは日本にいる甲虫としては大型で、独特の光沢を持った美麗種が多い。そして飛べないので、山や川で分断されたそれぞれの地域で独自に進化し、地域によってまったく違う見た目になる。ヨーロッパなど北のほうには特に美しく輝く種が多く、オサムシが「歩く宝石」と呼ばれる所以となっている。簡単に言うと、コレクター魂〈※1〉を刺激する虫なのである。

コガネムシの章でも書いたが、2013年7月下旬、北海道・上士幌町のぬかびら源泉郷を訪れた。ひがし大雪自然館が主催する「ひがし大雪むしむしWEEK」での昆虫観察会やライトトラップに参加するためだったのだが、虫採りの楽しみに目ざめたわたしにはひそかな野望があった。

※1 例えばある川の南北で全然違う色のオサムシが採れるので、どうしても「その川の」産地ラベルがついた南のオサムシと北のオサムシを採りたい、なんて人もいたりする。種分化のバックヤードが感じられる標本を手元に置きたいということなのだろうが、業の深い話だ。

「北の地に棲むというオオルリオサムシ、またはアイヌキンオサムシをこの目で見たい……」

ひがし大雪むしむしWEEKでは、自然館の方々の指導のもとに糠平の林道で昆虫採集をして、その後甲虫・チョウ・トンボの標本を作った。巨大なオニヤンマを愛おしげに眺める子供の横で、わたしはシオカラトンボの胴を固定するためにエノコログサの茎を通しながら、オサムシへの妄想をムンムンと膨らませていた。飛んでいる虫を捕まえる瞬発力では子供たちに完全に水をあけられたが、このあと単騎出動するオサムシ採集には、反射神経は不要のはずだ。

自然館の方に「この辺ではオオルリオサムシって採れますか?」と訊くと、「この前うちの職員が家の前で見つけて、今も飼ってますよ」と生体を見せてくれた。うーん、やはり素敵だ。肩にあった飛翔筋の退化に伴い、肩部から腹部にかけてスラリとした紡錘形で、緑〜赤銅色に鈍く輝いている。ニセコ地方のものなどは「大瑠璃」の名の通り、目のさめるような青色に輝き、マニアの垂涎の的だという。

というかわたしも欲しい。虫屋にくっついて回ったこの1年は、写真を撮るだけで満足していたはずのわたしに飼育をさせ、採集をさせ、ついには欲しがる女へと変えてしまったのである。わたしの恍惚の表情を見てか、自然館の方から「でも、今はちょっと時期が遅いかな……」というフォローがあったが、欲でふさがった耳には入っていなかった。

旧士幌線の廃線跡に来たわたしは目をぎらつかせ、枕木の上に対オサムシ兵器を並べだした。

・プラコップ（底に数個、水抜きの穴を開けたもの）
・カルピスウォーター

・根掘り

根掘りというのは、野草などを根ごと掘り上げる際に使うスコップのような道具だ。木の柄に、スコップより細くギザギザの刃がついている。北海道にオサムシを掘りに行くと言うと、タマムシの章でお世話になった政所さんがいろいろ教えてくれた。オサムシトラップを掘るなら手鍬(てくわ)を使うと効率がいいが、かさばらず携行しやすいのは根掘りだという。

政所さん「むかし、伊豆諸島の御蔵島での調査がちょうど紀宮清子さまの訪問と重なっちゃって。島中厳戒体制の中で、根掘りを下げて歩いてたら、職務質問されて取り上げられそうになっちゃったんですよ。『僕はこれがないと仕事にならないんですよ!』って抵抗していたら、ちょうど泊まってた民宿の人が通りかかって事なきを得ました」

メレ子「あらら……虫採りって、不審者扱いされやすいですよね……」

政「革のカバーに入れてベルト通しに下げていると、山刀にも見えますからね。まあメレ山さんなら、逆に護身にもなっていいでしょう!」

メ「しかし人気のない山中で山刀のようなものを帯びた小女に遭う人の気持ちを考えると、若干気の毒な気もしますね」

ちなみに帯広空港行きの飛行機に乗る際も、機内持ちこみしようとしたスーツケースは根掘りのおかげでしっかり留め置かれ、預け荷物にすることになった。人をどうにかできるような鋭利さはないのだが、仕方がない。

林にやってきたはいいが、オサムシがどんな場所を好むか、実際にはよくわからない。とりあえず素人なりにオサムシの気持ちになるしかない。「わたしはオサムシ……湿った林床がわたしの住処……特にミミズやカタツムリが大好きなの……」と念じながら、遊歩道近くの目をつけた場所に数個ずつトラップをかけていくことにした。

小雨が降ったりやんだりをくり返しているので、7月下旬といっても肌寒い。湿った土にへっぴり腰で根掘りを入れると、すぐにミミズが出てきた。「掘っているとミミズが出てくるような場所がいい」というのは政所さんにも言われたことで、悪くなさそうだ。

オサムシをおびき寄せるためのエサとしてカルピスウォーターを買っておいたが、せっかくなので出てくるミミズを根掘りでいくつかに切り、プラコップに投げ入れる。根掘りで掘った穴にミミズ入りコップを埋め、縁のまわりに土を寄せて地面とコップの縁の高さを同じにすればオサムシ用ピットフォールトラップ〈※2〉の完成だ。

それにしても、林の中で身をかがめて穴を掘る様子は不審者そのものだ。雨のおかげで人がいないのは好都合だが、林の中にはアブやカも多く、草や木の根が邪魔して穴掘りも楽ではない。トラップを回収し忘れるとゴミになるばかりか、お目当てでない虫まで大量に落ちて無駄な殺生を重ねかねないので、そこそこ思いだしやすい場所に掘らなければ。結局2キロほどの範囲内の5カ所を悩みながら選び、4個ずつコップを仕掛けただけで、この日の午後が終わってしまった。

ドラマなどで森や林の中で死体を掘って埋めるシーンをよく見るが、どれほどの労力がかかる

※2 Pitfall TrapはPTとも略される。地表を歩く飛べない昆虫を採集するのに適している。

空を飛ぶ甲虫やハエ・ハチなどの採集法としてはFIT（＝Flight Interception Trap）もある。透明な板などを地面に垂直に立て、飛翔昆虫が板にぶつかると保存液の入った受け皿に落ちるようになっている。

下記のページには好蟻性昆虫研究者の丸山宗利さんの考案・改良による丸山式FITが紹介されている。

丸山式 FIT（https://sites.google.com/site/myrmekophilos/m-fit）

のだろう。今後もできれば死体を処理する必要に迫られないようにしたい。でも、人間の死体くらい大きなものが埋まっていたら、さぞいろんな虫や動物がやってきて、にぎやかな宴が開かれるのだろうな……と、妄想はどんどん危ないほうへ翼を得て広がっていくのだった。

翌朝、ふたたび現場を訪れたわたし。胸を高鳴らせながら、ひとつひとつコップを回収していく。赤銅色のオオセンチコガネ、鎖かたびらのようなシデムシの幼虫、小さなカタツムリ……そして、小川のそばの木の根元に埋めたコップに、それは入っていた。

頭部と胸部は緑〜紫色のあいだで輝き、翅は艶消し加工の黒。カタツムリハンターとして有名なマイマイカブリの北海道亜種、エゾマイマイカブリだ。まったくの普通種だが、アイヌキンオサムシとはいかなくても、北海道らしい名前を冠した虫が採れただけでうれしい。

漫然と歩いているときに見つけたものではなく、自分なりに見当をつけて仕掛けたトラップにまんまとオサムシの仲間が入った。虫のプロファイリングに成功したようなものであり、虫の心を少し知ったような気さえする。犯人と刑事の気持ちを、行ったり来たりして忙しい。

ほかにアオゴミムシなども入っていたものの、結局狙っていたオオルリオサムシやアイヌキンオサムシは見つからず。政所さんに報告すると、「トラップの数が全然足りませんね、２００はかけたいところです。エゾマイマイカブリが入っていただけでもよしとすべきですよ」と一蹴されてしまった。

マイマイカブリの北海道亜種・エゾマイマイカブリ（北海道・上士幌町糠平）。マイマイカブリの首の太さと、その地域に生息するカタツムリの殻の大きさには相関があるという。佐渡島亜種のサドマイマイカブリは、殻に頭を突っこむのではなく噛み砕くために大顎を発達させ、首も太く短い猪首になっている

冬の娯楽「オサムシ掘り」

季節は移り、あっという間に11月になった。夏は毎週のように虫たちを追いかけてきたので、寂しさもひとしおだ。しかし、そんな冬でも楽しめるのがオサムシなのである。ガとカタツムリの章でお世話になった蛾屋で学芸員の四方さんが、学会の用事で秋に上京してきた。しこたま酒を飲ませつつ「先生、『オサムシ掘り』って楽しいらしいですね〜」と水を向けると、四方さんも「安曇野のほうで青い綺麗なマイマイカブリが出るんだよ……」とウットリしはじめたので、「これはもう行くしかありませんね！」と一気に畳みかけてオサムシ掘りの約束を取りつけた。

オサムシ掘りは、冒頭でわたしが偶然ハンミョウを掘ってしまったのと同じ採集法だ。つまり、朽ち木や土の中で冬眠しているオサムシの成虫を掘り出すのである。冬になると大型の虫を見つけるのが難しくなるので、日ごろは別の虫を追いかけ回している虫屋でも、ついついオサムシ掘りに出かけてしまう。豪雪地帯では雪かきしてまでオサ掘りする猛者もいるというから恐ろしい。

大きな川の河川敷など、倒木が堆積する斜面がオサムシ掘りの好ポイントだそうだ。今回四方さんから渡された得物は、朽ち木を掘るための手鍬と軍手である。

「おっ、この木はエロいな……」とつぶやきながら、川原に倒れて根がむき出しになった朽ち木に突進する四方さん。業界用語（どれくらいの規模の業界かは不明）では、いい虫がいそうな木や場所を「エロい」と形容するらしい。たしかに、「歩く宝石」への欲望に目が曇った状態はスケベ心とでも呼ぶしかないと自分でも思う。わたしもよく腐った木に狙いをつけ、手鍬を振り下ろしはじめた。ふだんあまり縁のない破壊活動に、テンションがどうしようもなく上がっていく。
11月の安曇野の山は紅葉が進み、大きな虫や動物はすでに雲隠れしている。だが、ホクホクに朽ちた木の中にはいろんな生きものが潜んでいた。黒地に黄色の縞が鮮やかなオオキノコムシの仲間やダンゴムシの集団、手にずっしりと重いカブトムシの幼虫。逃げ惑うシロアリの大家族から、こちらもちょっと怯んでしまうヤマトゴキブリの幼虫。なんとも不機嫌そうな半眼のカエル。掘り出されてあわてて懸命に翅を震わせ、身体を温めるキイロスズメバチの女王には注意が必要だ。黒い甲虫になるはずだったキマワリの幼虫の身体を養分として、冬虫夏草がしんねりと伸びていた。しかし、なかなかオサムシは出てこない。

メレ子「夏にトラップをかけたんですけど、エゾマイマイカブリしか採れなかったんですよ」
四方さん「マイマイカブリって日本固有のオサムシで海外の収集家にも人気があるし、エゾマイマイカブリもいい虫だと思うよ！　でもトラップ20個じゃちょっと少ないかもね。永幡くん〈※3〉は学生のころ、オサムシで論文を書くために信州の伊那谷（いなだに）で、一日1000個のトラップをかけてたんだよ」
メ「それって人の力で可能な数なんですか？」
四「『どれくらい採ったの？』って訊いたら『5キロくらいかな……』って言ってた」

※3　ハチ、ガなどの章にも登場の自然写真家。四方さんとは学生時代からの友人。

メ「単位おかしくないですか？」

そうこうしているうちに、ついに最初のマイマイカブリが現れた！　主食のカタツムリ〈※4〉の殻に顔を突っこむための細く長い首。鋭い顎の下からは大小2対の鰭状器官が触角とは別に突き出て、しずくを連ねたような形状は、舌と同時に滴るよだれをも想起させる。正直言って、エイリアン並みに怖い顔だ。

しかし冬眠中のため動きは鈍く、「ふええ……どちら様ですか？」と穴から怖い顔を出す姿が、とてつもなく愛おしく感じられるのだった。子供のころ見たマイマイカブリは全身真っ黒だったが、目の前にいるものは泥にまみれた中にものぞく青緑の艶が美しい。

泥まみれで呆然としているマイマイカブリを這いつくばって接写していると、「この首に手綱をかけて、胸のところに鞍を置いたら乗れそうだな……」とまで思えてくる。実際には転がり落ちて悶絶しているところをギチギチ喰われてしまうのだろうが、移動に優れた身体が名馬を思わせてならない。

実は、彼らを器用に乗りこなしている先客がいる。オサムシやシデムシ、ゴミムシといった肉食甲虫の仲間は、体長1ミリ弱の赤っぽい楕円形のダニ〈※5〉を数匹乗せていることが多いのだ。ダニたちはオサムシたちの体液を吸っているわけではなく、オサムシが見つける食餌への移動のためにオサムシを乗りこなしているらしい。ダニたちがワイワイ乗りこむオサムシバス！

最終的には5、6匹のマイマイカブリが折り重なって越冬しているマイマイアパートまで見つかり、四方さんは「2ケタ行けば永幡くんにも面目が立つなあ」などと胸を撫でおろしている。

※4　マイマイカブリの名は、カタツムリ（＝マイマイ）の殻に頭を突っこんでいる様子がマイマイをかぶっているように見えることからついた。しかし、自然状態でマイマイカブリがカタツムリを食べるところを見たことのある人は意外と少ない（図鑑などに載っている写真は、多くが飼育下で撮られたもの）。
マイマイカブリはカタツムリだけを食べるわけではないが、幼虫が成虫になるためにはカタツムリを必要とする。また、メスの成虫もカタツムリを食べないと卵巣が成熟しないという。

※5　このマイマイカブリには冬眠中のためか、あるいは身体の隙間に身を潜めているのか見当たらなかったが、夏に見つけたエゾマイマイカブリにはしっかりついていた。

掘り出されて呆然とするマイマイカブリ（長野県・安曇野）。この首に手綱と鞍をかけて、苔むす朽ち木の上を駆けまわりたい

当の永幡さんからは、後日「メレ山さんは虫屋になどなってはいけません。虫屋の業に満ちた振る舞いを、向こう岸から面白おかしく描写してください！　いいですね」と、謎の訓戒を受けたのだったが。

後日、四方さんから1ペアのマイマイカブリが送られてきた。ありがたいことに、クリーニングと展足方法の指南書つきだ。わたしはさっそく作業に取りかかった。

掘り出されたあと毒ビンに入れられたマイマイカブリは、酢酸エチルの作用で組織が軟化してくにゃくにゃしている。泥にまみれた背中に木工用ボンドを塗りたくり、ほとんど乾いて透明になってきたころにピンセットでつまんでそっと剝がす。ペリペリとボンドが浮いてくる感触が楽しい。泥もいっしょに剝がれ、ツヤツヤの背中が現れた。四方さんはこれを「ボンドパック」と呼んでいたが、マイマイカブリにしてみれば完全に死化粧である。

野外での生きた姿も美しいが、標本にしてみると工芸品のような細部の造形の面白さがより際立つ。やっぱりこの怖い口まわりが最高にかっこいいよなあ。死んだあとなら、森で身体を食わせてあげてもいいなあ、と、刑事・犯人に続いて被害者の心情にまで思いをめぐらせる。

来年は秋田の赤い胸のキタカブリ、いや、対馬(つしま)の赤銅の胸と金緑のラインが入ったツシマカブリモドキにも会いたい……とやに下がるわたしは、やはり1年前よりも確実に道を踏み外しかけているのかもしれない。しかし今もむかしも、土を掘り返すだけで至上の喜びを感じられているという意味では、そんなに悪くない年の重ねかたをしているんじゃないだろうか。

安曇野で掘ったマイマイカブリ。針を刺して展足（標本にするために台座に固定し、針などで形を整えること）する前に、白バックでも撮影してみた

〔20〕
ゴキブリ
害虫と書いて戦友(とも)と読む

クロゴキブリ
〔折り紙〕
いわたまいこ Maiko Iwata

蜚蠊

ゴキブリ目ゴキブリ科に属する。数回の脱皮を経て成虫になる不完全変態。ほとんどは森林性だが、人家に生息範囲を広げたものたちは衛生害虫・不快害虫として忌み嫌われている。中にはペット用、爬虫類や鳥のエサ用として販売されるものもある。

日常に潜む恐怖

ついに来たか、という感じだ。その名を出すと彼らを呼んでしまいそうなので、あまり口にしたくない。そんな、未開の村に伝わる忌まわしい怪物のような扱いをしてしまう唯一の昆虫。

ある朝、起きてリビングに入ったわたしはコキンと固まった。本棚の上に飼っているアリやゲンゴロウの入ったケースを置いていたのだが、その上の壁に、飼っていない虫がへばりついているではないか。クロゴキブリの成虫だ。しかし前夜カーテンに留まっているのを発見し、殺虫スプレーをかけながら必死でベランダに追い出したはず。2つの可能性が脳裏に浮上した。

①昨夜のゴキブリが「アイム・バック」と言いながら戻ってきた。
②1匹いたら100匹いるの原理で、昨夜のゴキブリの兄弟（あるいは姉妹）がやってきた。

どちらも同じくらい嫌だが、①の可能性が微妙に高い。なぜならそのゴキブリはさかんに触角をしごき、猫のように顔を洗いまくっていた。「昨日かけられたしびれ薬、まだちょっと残ってる〜。最悪〜」というかのように。ゴキブリを刺激しないよう、微動だにしないままアテレコしていたが、このままでは顔を洗うゴキブリを永遠に眺め続けることになると気づいた。飼っている虫たちのケースに布をかけたあとスプレーで確実にとどめをさし、分厚い層にしたトイレットペーパーで回収し、スーパーの袋に入れて口を縛って捨てる。問題はそのあとだ。気を取り直してアリにエサをあげようとしたところ、視界の端をシュッと素早いものが横切り、腰を抜かしそうになる。よく見ると、それはケースの中を泳ぐゲンゴロウだった。認めたくない。断じて認めたくないが、ゲンゴロウ、要所要所でゴキブリに似ている瞬間〈※1〉がある……。

ゴキブリが苦手だというと、ほぼ間違いなく「メレ山さんにも嫌いな虫っているんですか～」と言われるが心外だ。じゃあお前らは人間なら誰でも好きなのか。好きな人間も嫌いな人間もいるが、嫌いな人間を好きになるより、嫌いな虫を好きになるほうがよっぽど簡単だと思う。最初は苦手だった虫でも、生態について調べていけば、好きになれるスイッチが必ずどこかに隠れている。だがゴキブリは、上京後一人暮らしをはじめてから長いあいだ、変質者や幽霊に並ぶ脅威としてわたしの前に立ちはだかり続けていた。

そんな折、害虫について考えるきっかけとなったのが、『日本原色カメムシ図鑑』（石川忠・高井幹夫・安永智秀 編／全国農村教育協会）の出版記念トークイベント「カメムシだらけにしたろか～！」だった。著者の一人である伊丹市昆虫館の長島聖大（ながしませいだい）さんは、大嫌いなカメムシを絶滅させようと昆虫学研究室に入ったところカメムシに夢中〈※2〉になってしまい、今や絶滅させる気は毛ほどもないという。

プレゼンターもプレゼンターだが客も客だ。この日いちばん熱心だったお客さんは、家庭菜園をやっているという女性。「枝豆につくカメムシをなんとかしたくて……。ピンク色〈※3〉なん

※1 このことをゲンゴロウ大好き水族館員の平澤さん（ゲンゴロウの章参照）に話すと「えぇっ！ どこが似ているっていうんですか」と、全力で抗議された。チーム黒光りの惣領も、ゴキブリの柔らかい黒光りは苦手なのだ。

※2 カメムシとひと口に言っても、色や形、生態は実に多種多様だ。中でもキンカメムシの仲間には美しいものが多い。石垣島などに住むナナホシキンカメムシは、金緑色に輝く背中に黒い点があしらわれ、わたしの憧れの虫のひとつである。

※3 なお、画像もない状態ではカメムシの大家たちもアドバイスのしようがなかった模様。質問者はカメムシだと思っているがカメムシじゃない虫だった可能性もある。

だけど何カメムシですか」と、カメムシの大家たちを質問攻めにしている。その姿を見て、「害虫って、実はもっとも身近な虫なのでは……？」と思った。「好きの反対は無関心」ではないが、虫が嫌いという以前に興味がなければ、そもそも虫について語ることもない。しかし、害虫に関するトラウマについてはみな前のめりでよく喋るし、妙に語彙も豊富になるのだ。

害虫としてのゴキブリと日々向き合っている殺虫剤メーカーの方々はどうなのだろう。「対象をよく知ると好きになってしまう」と「害虫を根絶するという使命」のアンビバレンツを抱きながらお仕事をされているのではないか。というわけで、殺虫剤を作っている会社に取材を申しこみ、会社訪問させていただいた。

恐怖の飼育室

おうかがいしたのは、ライオン株式会社の研究施設。ライオンって洗剤や歯磨き粉の会社では？　と思われるかもしれないが、実は燻蒸（くんじょう）系殺虫剤の代名詞である「バルサン」の製造・販売を行っている。ライオンの「虫博士」として知られるのが亀崎宏樹さん。ダニやゴキブリなどの害虫の研究を、約30年間にわたって続けている。亀崎さんの部下の児玉達治さん、広報の江本恵津子さん〈※4〉もいっしょに案内してくださることになった。

飼育室の手前で、ゴム長靴に履きかえる。児玉さんが「飼育室、慣れない人にはにおいがきつ

※4　江本さんは笑顔を絶やさないテキパキした女性で「今日は虫の日なので虫グッズをつけてきました」と、上品に光るカブトムシのピンが胸元に輝いているのがおちゃめだった。虫を駆除するための商品を日々開発している施設に、虫好きの一派として侵入してしまって大丈夫かと緊張していたが、すてきな方々でよかった……。

飼育室の棚に並んだゴキブリ飼育ケース。映画『ハムナプトラ』のように凶暴な虫たちがゴワシャーッと暴れまわっているイメージをどこかで期待していたが、虫たちとて映画に出るわけでもないのにムダな労力を使うようなことはしない

いので」と使い捨てマスクを薦めてくださったが、これはむしろ胸いっぱいに嗅ぐべき機会だと思い、遠慮させてもらった。ビビりながら部屋に入ると、棚にズラリと並んだプラケース。ケース内にはすのこのような約15センチ四方の木の板が、層状に積み重なっている。狭い場所を好む彼らのアパートだ。長日(ちょうじつ)管理〈※5〉された高温高湿の室内には、たしかにかなりキツいにおいがこもっている。粗悪な革製品やプラスチック製品などから出るケミカルフレーバーと、動物園の檻の前でかぐにおいの双方が混ざり合ったような感じだ〈※6〉。

この部屋には日本で害虫とされるゴキブリ5、6種がいるというので、ひと通り見せていただくことにする。飼育室の真ん中に置かれたテーブルにまず出てきたのは、チャバネゴキブリの入ったケース。チャバネゴキブリは体長1・5センチほどの小さくて敏捷なゴキブリだ。屋内生活を好み、飲食店などで大量に発生することがある。

メレ子「築30年の鉄骨アパートに住んでたときに悩まされました!!　繁殖力がすごいんですよね。毎日1匹ずつ見るようになって、バルサンにはお世話になりました」

亀崎さん「チャバネはゴキブリの中でも、成虫になるまでの期間が短いんですよ。といっても3カ月ほどあるんですけど。成虫になってからも約半年ほど生きます」

亀崎さんがすのこを1枚ずつめくっていくと、1齢幼虫から成虫までのゴキブリたちがドビャシャーと四方に散る。どんどん下のすのこに移動していくので、めくるたびに密度が増していく。

※5　長日管理とは、照明で人工的に昼の長い状態を作り出し、育てる植物や動物の成長を促進すること。ゴキブリ飼育室は、1日のうち16時間が昼になるように調節されている。

※6　決して管理が悪いわけではない。ゴキブリは集合フェロモンや性フェロモンを出して仲間とコミュニケーションをとるため、大量に飼育するとどうしてもにおいが出る。においを過剰に消すと、彼らから言葉を奪ってしまうことになるのだ。

「うわあああああ!!　あああああああ」と声を漏らしながら撮影。ゴキブリが逃げ出していないことは頭ではわかっているが、この部屋にいるとどうも背筋がチリチリする。プロがいてくださるのでなんとか落ち着いていられるが、一人で閉じこめられて電気を消されたらどうしよう……。ちなみに暗くなると、段違いに動きが活発になるそうだ。正直、あまり知りたくなかった。

続いてクロゴキブリ。チャバネの倍ほど大きいが、動きはチャバネよりだいぶ落ち着いており、密度もそこまでワシャワシャしていない。ただし寿命が長い。成虫になるだけで春子はひと冬を越し、秋子はふた冬かけて親になるというのだ。

メレ子「ゴキブリには巣があるって聞いたことがありますが……」

亀崎さん「巣というか、小さいときには特に集合性が高いです。密度が高くなりすぎると生息域を拡大しますが、1匹1匹の行動半径は決して広くありません。船や車、飛行機に乗って人によって全国に移動させられてますけどね」

メ「売られてた熱帯ゴキブリ、孵化したての子が親のまわりに集まってました!」

亀「そうですね〜、わたしは科学者として研究対象を擬人化したりかわいがったりすることはできるだけしないように心がけてるんですが」

メ「そ、そうですよね……安易な擬人化はよくないですね、すみません……」

亀「それでもゴキブリの子が集まったり、親が卵を守る行動を見ると……感動の嵐ですね」

メ「感動の……嵐ですか……!!（むしろ亀崎さんのコメントに感動している）」

南方から北上中の凶悪犯・ワモンゴキブリも登場。クロゴキブリよりさらにひと回り大きい茶色っぽいゴキブリで、頭部には紋のような模様がある。動きも異常に素早く、わたしがいちばん恐れている存在だ。西日本を中心に勢力を拡大していると言われるが、わたしは都内の地上15階のマンションで窓を開けて昼寝していて、ワモンに首筋にキス〈※7〉されたことがある。

亀崎さん「こいつらは野外性が強く、温水のたまるマンホールなどが大好きなんです。そうですか、都内の高層階で……たぶんエレベーターに乗って登ってきたんですね」

エレベーターに乗って「チーン」というメロディを聞いているワモンゴキブリを想像し、怒りに震えるわたし。そのとき、独自に室内を探索していた編集者の田中さん〈※8〉が「あ!! これは!!」と何かを発見したようだ。体長約7センチの翅のない巨大ゴキブリ・マダガスカルオオゴキブリ（愛称マダゴキ）である。しかし動きは鈍く、固い装甲はゴキブリというより三葉虫やダンゴムシを思わせる。日本にはペットや熱帯魚のエサとして輸入されているゴキブリだ。

メレ子「こんな害虫っぽくないゴキブリも実験に使われるのですか?」

亀崎さん「そ、それは……実験用じゃなくて、ゴキブリの原点への回帰というか……」

メ（動揺してる……）

亀崎さんが押さえると、マダゴキはジージー〈※9〉と鳴いて抵抗する。か、かわいい。ワモン

※7 とてもきれいな建物で、当時は長らくゴキブリを見ていなかったので、油断して殺虫スプレーを部屋に置いていなかった。使えそうな武器は会社で受けたワークショップの「妥当解」などと書いてある資料しかなく、それを丸めて泣きながら「これがお前の妥当解だ」と殴打して倒した。

※8 編集者の田中祥子さんは農学部出身で、高校時代には遺伝学の実験のためにショウジョウバエの目玉と日々にらめっこしていたくらいなので虫には強い。

※9 口から出す声ではなく、腹部にある呼吸器官である気門から空気を出す音だという。

愛らしく小首をかしげる手乗りマダガスカルゴキブリ

ゴキブリを見たあとでは天使に見える。勢いで手に乗せてもらい、しばし愛でる。広報の江本さんも、ケースの壁にとまったマダゴキを見て「あー、脚の裏っかわだけ白いんだ！　足袋みたいですね～」とコメントしている。状況だけ見ると、猫カフェのような和やかな雰囲気だ。

ワモンゴキブリをそのまま小型化したようなトビイロゴキブリもいる。亀崎さんによれば「ワモンやトビイロは南方系のゴキブリで、長崎県の軍艦島〈※10〉ではゴキブリが繁殖していたそうですよ。そういえば九州に採集に行ったとき、チャバネとクロとトビイロが仲良く同居している食堂があってね、珍しいのでおっと思いましたね～」ゴキブリ3種が集うアットホームな食堂。店主が泣いて怒りそうなキャッチフレーズだ。寒さに強いヤマトゴキブリは、マンハッタンの公園で日本からの外来種として定着しつつある。あらためて見ると、ゴキブリたちはみな「思ったより小さい」。芸能人に会った感想かよという感じだが、恐怖が目を曇らせていたのだろう。

頼んでもないのに出てくる奴らだが、大量に増やそうとすればそれはそれで大変だ。ケースの密度を適正に保たないと共食いもするし、病気が出てしまうこともある。何より、成虫になるまでの期間が長いので「貴重な成虫を無駄遣いしないように実験している」そうだ。

合言葉は「むやみに殺すな」

亀崎さんは小さいころから生きものが好きだったが、お兄さんが長じて神戸市立須磨海浜水族

※10　長崎港沖に浮かぶ端島（はしま）という島。海底炭鉱の採掘のためおおいに栄え、狭い地表部分の集合住宅に炭鉱夫とその家族が暮らす学校や映画館・病院・寺院などを備えた超過密の町ができた。高層集合住宅のそびえる島影が軍艦に似ているというので軍艦島と呼ばれた。石油へのエネルギー転換に伴って炭鉱は閉山し、現在は観光地として上陸ツアーが行われている。

園園長になられるほどの魚のプロフェッショナルだったこともあり「俺は別の道を究める」と虫の世界へ。応用昆虫学〈※11〉の研究室に進み、学生時代はハダニやコクゾウムシの生態を研究した。コクゾウムシは屋内の貯蔵穀類にわく害虫だが、越冬はわざわざ屋外に出てする面白い虫だ。ゴキブリは種によって屋内環境への適応度合いが違うので、コクゾウムシの生態を知っていることは、ゴキブリを知る上ですごく役に立つのだという。

日用品メーカーのライオンが殺虫剤を作っているのはなんだか意外な感じがするが、亀崎さんは「燻煙・燻蒸タイプの殺虫剤は、使う人を選ばず効果が得られるのがいいと思っています」と胸を張る。2014年2月に発表されたばかりの新製品には、ライオンのデオドラントスプレーや歯磨き粉開発で培われた「香り」の技術が生かされている。その名も「香るバルサン」。バルサンをやったあと部屋に残るにおいが苦手――というユーザーの声を取り入れ、においを香料で巧みにカバー。バルサンしたあとの部屋に帰ってくるとローズやシトラスがほのかに香るが、窓を開けて換気すればその香りも消える、そんなすがすがしい使用感を目指したという。

一般的に殺虫剤や農薬の開発は、有効成分を開発する原体メーカーと、有効成分をもとに製剤する製剤メーカーに分かれ、ライオンは後者だ。様々な有効成分をどの割合でどのように配合するかが、バルサンの効き目を決める。霧に乗せたときの拡散のしやすさも重要だ。企業秘密エリアにあるバルサン部屋で、育てたゴキブリを使って実験を行うが「命を扱っているのだから、むやみに殺してはいけない」と、部下の児玉さんにもくり返し、自らも肝に銘じているそうだ。

ラボでも実験するが、実際に人家で使ったときの効果を知るには街での実験が一番。虫博士は

※11　昆虫の分類や生態を研究する基礎昆虫学に対して、人間生活との関わりへと応用して防除や昆虫利用を考えるのが応用昆虫学。

飲食店に何度か普通のお客さんとして通い、ボトルなども入れてすっかり顔なじみになってからおもむろに「実は、バルサンの実験をさせてほしいんだけど……」と口火を切るのだという。ゴキブリのいる環境は見ただけで大体わかってしまう亀崎さんだが、たしかに一見さんに「お宅はワモンゴキブリの巣ですね！」なんて言われたら、お店の人も素直になれないだろう。実験後、亀崎さんはお店でお酒を飲みながら「半死半生のゴキブリがさまよい出てきたりしないように、ちゃんと速攻で効いたかな……」と、心中ひそかに気にかけている。その心持ちは「ラボにいるときの仕事人と、家にいるときのオフな気持ちが半々」なのだそうだ。

「駆除するためにはゴキブリをよく知らないといけないと思いますが、よく知ると好きになってしまいませんか？」失礼な質問かもしれないが、思いきって尋ねてみた。

「好きとはちょっと違うかもしれないけれど、そうですね……こいつやりよるな、という気持ちもあるし、大事な実験生物だし……戦友というのが近いかな」

他部所からバルサンを作る部所に転属し、最初はゴキブリへの苦手意識があったという児玉さんも横でうなずいている。研究対象への「愛情」という言葉はあまりに陳腐かもしれないが、増やすためにせよ殺すためにせよ、生きものと全力で向かい合っている人の言葉には対象への畏敬の念がこもっていて、聞いていてなんだかうれしくなってしまう。

何億年も前から生きているだの、髪の毛1本を食べて何日生きるだの、生命力の強さを喧伝されるゴキブリだが、絶滅に瀕しているゴキブリもいるのだろうか。

「例えば南方系のサツマゴキブリは数を減らしていると言われています。個人的な感覚では、ク

虫博士・亀崎さん（右）と児玉さん（左）。今後も戦友のゴキブリたちと共に、家や飲食店に平穏をもたらすバルサンを開発してくださることに期待しています……！

ロゴキブリも減りつつあると思います。人の生活に適応して増えているワモンゴキブリやチャバネゴキブリに、生息域を侵されているのかもしれない」

ゴキブリの代表選手のように思っていたクロゴキブリが、時代の波に押されているとは。無慈悲に討ち取っておいてなんだが、複雑な気持ちだ。ゴキブリは世界に約4000種いるが、ほとんどは森の朽ち木の下などに生息しており、人家に出没して「不快害虫」「衛生害虫」と呼ばれているのはほんの数種。生存戦略がかぶったための不幸な出会いという側面もなくはない。とにかく、生活圏にいきなり出てくるのがよくないのだ。街で見とれてしまうようなすてきな異性でも、夜中に「来ちゃった」とベランダを登ってきたら突き落としたい。かっこいいカブトムシだろうが美しいタマムシだろうが、寝る支度をしている足元を全力疾走されるのはごめんだ。

ゴキブリが亀崎さんにとって戦友なら、研究施設の見学を通して、わたしにとってはゴキブリは気まずい別れかたをした元恋人くらいの距離感になったと言えるかもしれない。絶対に会いたくはないし何をしているのかも知りたくないが、目にふれないどこかで息災にしていてほしい。そう感じるくらいには、この虫への生きものとしての最低限の敬意を取り戻せた。いざとなったら習うより慣れろ、ライオンさんでゴキブリ飼育のパートをやらせてもらえば、あっけなく好きになってしまうかも。そういう意味では、ゴキブリのほうが元恋人より仲良くなれる可能性の高い存在と言えそうだ。

昆虫便利帖

番外編

市）

奈川県横須賀市）
業を毎年秋に開催 →p236

地球博物館（神奈川県小田原市）
豊富 →p108

ンター（山梨県北杜市）
サキの生態を観察できる施設

長野県安曇野市）
資料を展示 →p127

野県飯田市）
展示 →p123

虫マップ（日本編）

南北に細長い日本は、昆虫の多様性が高い島。見すごせない虫スポットを紹介します。

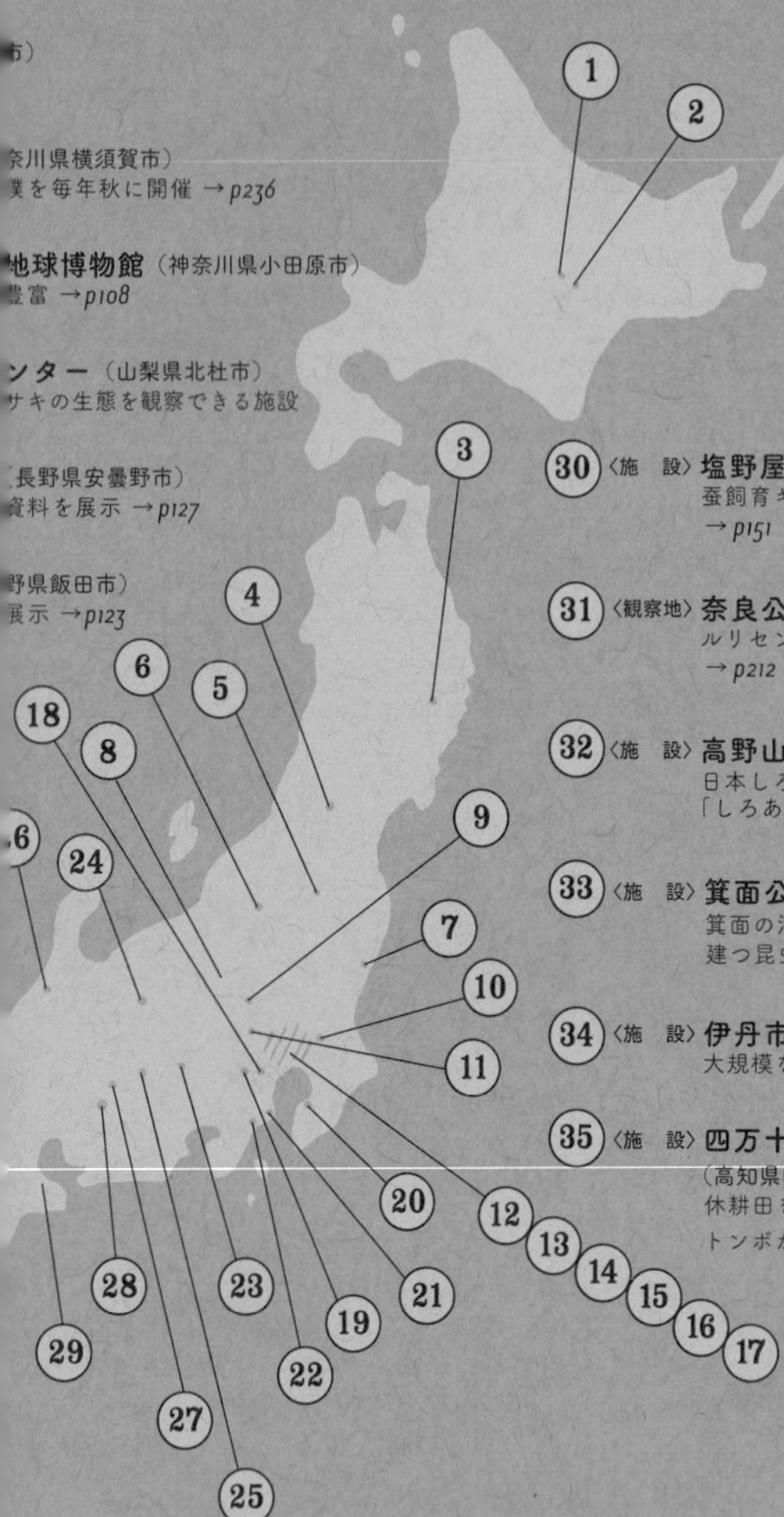

30〈施　設〉**塩野屋**（京都府亀岡市）
蚕飼育キットを販売する西陣織の織元 →p151

31〈観察地〉**奈良公園・飛火野**（奈良県奈良市）
ルリセンチコガネ観察 ※採集禁止 →p212

32〈施　設〉**高野山奥の院**（和歌山県伊都郡）
日本しろあり対策協会が建てた「しろあり供養塔」がある

33〈施　設〉**箕面公園昆虫館**（大阪府箕面市）
箕面の滝に向かう自然遊歩道の途中に建つ昆虫館

34〈施　設〉**伊丹市昆虫館**（兵庫県伊丹市）
大規模なチョウの温室ドームは必見

35〈施　設〉**四万十市トンボ自然公園**―トンボ王国―（高知県四万十市）
休耕田を整備した保護区に60種以上のトンボが生息する

館（石川県白山市）
ゴマダラの展示で有名

津川市）
し、高僧の墓石に詣でるという →p294

巣のコンテストなど →p294

研究所（三重県松阪市）
試食は要事前予約 →p220

36〈観察地〉**姫島**（大分県東国東郡姫島村）
アサギマダラ飛来地 →p8

37〈行事・イベント〉**加治木くも合戦**（鹿児島県姶良市）
コガネグモ相撲 →p54

38〈施　設〉**対馬**（長崎県対馬市）
蜂洞によるニホンミツバチ養蜂 →p25

39〈施　設〉**アヤミハビル館**（沖縄県八重山郡与那国町）
ヨナグニサンと与那国島の自然を紹介

① 〈施　設〉**ひがし大雪自然館**（北海道河東郡上士幌町）
ぬかびら源泉郷のはずれにある博物館 →p206、p263

② 〈観察地〉**タウシュベツ橋梁**（北海道河東郡上士幌町）
オオセンチコガネ観察 →p206

③ 〈施　設〉**遠野伝承園**（岩手県遠野市）
カイコの神様「オシラサマ」を祀る「オシラ堂」がある→p156

④ 〈施　設〉**フルーツランド・コマツ**（山形県西村山郡河北町）
マメコバチ養蜂のさくらんぼ園 ※一般非公開 →p26

⑤ 〈観察地〉**猪苗代湖畔**（福島県耶麻郡猪苗代町）
ゲンゴロウ観察 →p165

⑥ 〈観察地〉**恵みの森**（福島県南会津郡只見町）
ブナと渓谷のトレッキングルート。「森林の分校ふざわ」のガイドも

⑦ 〈施　設〉**アクアマリンふくしま**（福島県いわき市）
水生昆虫の展示、広いビオトープもあり→p164

⑧ 〈行事・イベント〉**なかのじょうイナゴンピック**（群馬県吾妻郡中之条町）
競技に参加する場合にはHPから事前エントリー要 →p200

⑨ 〈施　設〉**ぐんま昆虫の森**（群馬県桐生市新里町）
広大な土地で里山環境展示を行う

⑩ 〈施　設〉**農業生物資源研究所**（茨城県つくば市）
見学申込はＨＰから要予約　※ユスリカは通常見学コースにない→p178

⑪ 〈行事・イベント〉**埼玉インセクトフェスティバル**（埼玉県さいたま市）
１日目は生体、２日目は標本中心の即売会（大宮ソニックシティ）→p294

⑫ 〈施　設〉**足立区生物園**（東京都足立区）
ホタルの観察会を実施 →p67

⑬ 〈施　設〉**向島百花園**（東京都墨田区）
江戸時代発祥の花園。毎夏「虫聞きの会」を開催

⑭ 〈行事・イベント〉**大手町インセクトフェア**（東京都千代田区）
全国最大規模の昆虫標本即売会（大手町サンケイプラザ）→p294

⑮ 〈観察地〉**渋谷マルイ前**（東京都渋谷区）
クマムシ採集地 →p185

⑯ 〈施　設〉**むし社**（東京都中野区）
クワガタやカブトムシの生体、飼育用品、採集用品を販売

⑰ 〈施　設〉**よるのひるね**（東京都杉並区）
昆虫料理研究会「昆虫食のひるべ」開催地となっているカフェバー

⑱ 〈施　設〉**多摩動物公園**（東京都日野市）
昆虫園には国内でここでしか見られない虫も→p76

⑲ 〈観察地〉**高尾山**（東京都八王子市）
アオタマムシ観察地 →p81

⑳ 〈行事・イベント〉**富津フンチ**（千葉県富津
ネコハエトリ相撲 →p51

㉑ 〈施　設〉**観音崎自然博物館**（神
鳴く虫の展示、コオロギ相

㉒ 〈施　設〉**神奈川県立生命の星・
昆虫標本のコレクションも

㉓ 〈施　設〉**北杜市オオムラサキセ
１年を通じて国蝶オオムラ

㉔ 〈施　設〉**安曇野市天蚕センター
天蚕（ヤママユ）に関する

㉕ 〈施　設〉**飯田市美術博物館**（長
伊那谷の蚕神信仰に関する

㉖ 〈施　設〉**石川県ふれあい昆虫
日本最大級のチョウ・オオ

㉗ 〈行事・イベント〉**なめくじ祭り**（岐阜県中
伝説の女性がなめくじに化身

㉘ 〈行事・イベント〉**へボ祭り**（岐阜県恵那市）
クロスズメバチ料理の販売

㉙ 〈施　設〉**三重エスカルゴ開発
エスカルゴ飼育施設の見学

39

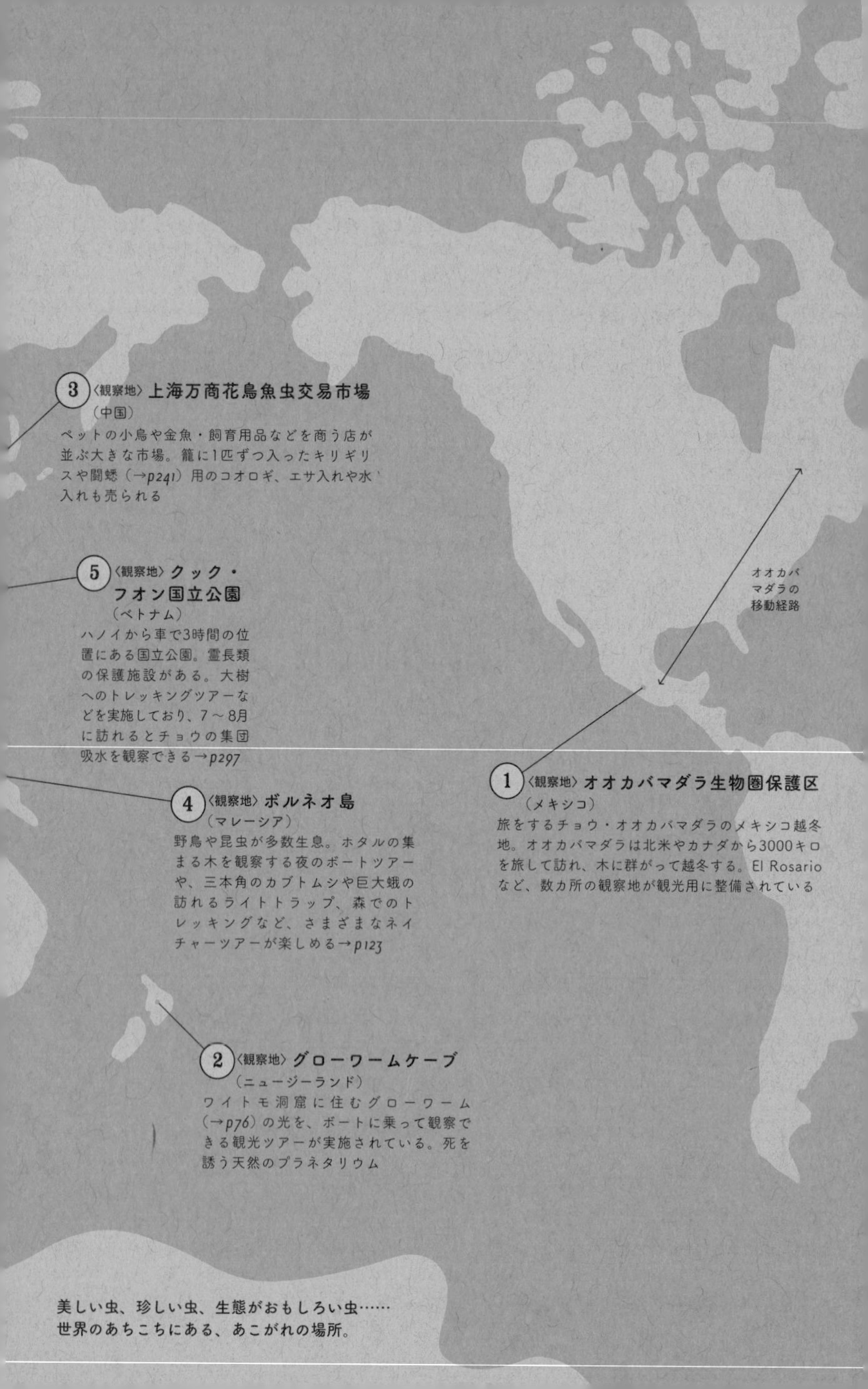

3 〈観察地〉**上海万商花鳥魚虫交易市場**（中国）

ペットの小鳥や金魚・飼育用品などを商う店が並ぶ大きな市場。籠に1匹ずつ入ったキリギリスや闘蟋（→p241）用のコオロギ、エサ入れや水入れも売られる

5 〈観察地〉**クック・フォン国立公園**（ベトナム）

ハノイから車で3時間の位置にある国立公園。霊長類の保護施設がある。大樹へのトレッキングツアーなどを実施しており、7～8月に訪れるとチョウの集団吸水を観察できる→p297

4 〈観察地〉**ボルネオ島**（マレーシア）

野鳥や昆虫が多数生息。ホタルの集まる木を観察する夜のボートツアーや、三本角のカブトムシや巨大蛾の訪れるライトトラップ、森でのトレッキングなど、さまざまなネイチャーツアーが楽しめる→p123

1 〈観察地〉**オオカバマダラ生物圏保護区**（メキシコ）

旅をするチョウ・オオカバマダラのメキシコ越冬地。オオカバマダラは北米やカナダから3000キロを旅して訪れ、木に群がって越冬する。El Rosarioなど、数カ所の観察地が観光用に整備されている

2 〈観察地〉**グローワームケーブ**（ニュージーランド）

ワイトモ洞窟に住むグローワーム（→p76）の光を、ボートに乗って観察できる観光ツアーが実施されている。死を誘う天然のプラネタリウム

美しい虫、珍しい虫、生態がおもしろい虫……
世界のあちこちにある、あこがれの場所。

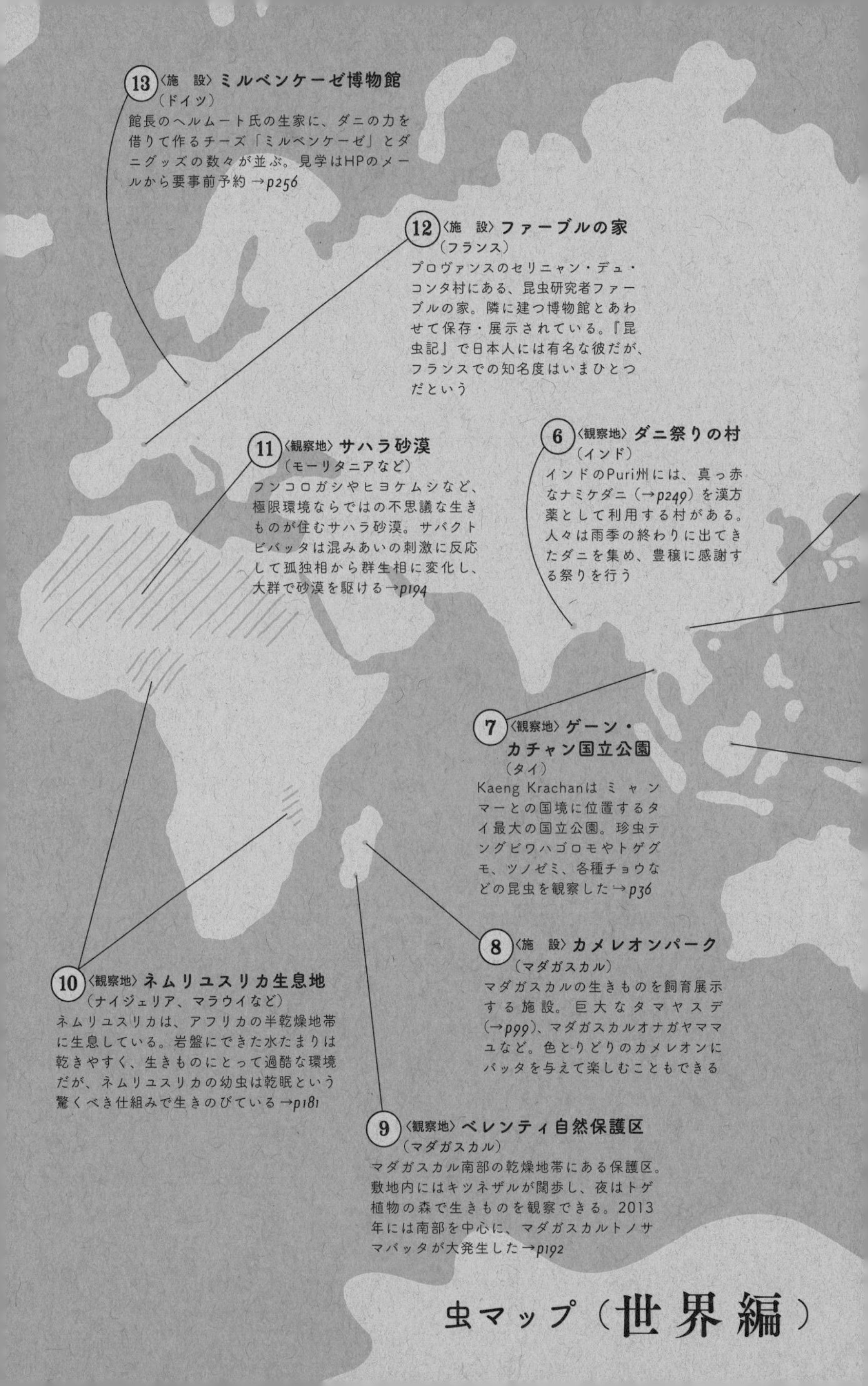

6〈観察地〉ダニ祭りの村
（インド）
インドのPuri州には、真っ赤なナミケダニ（→p249）を漢方薬として利用する村がある。人々は雨季の終わりに出てきたダニを集め、豊穣に感謝する祭りを行う

7〈観察地〉ゲーン・カチャン国立公園
（タイ）
Kaeng Krachanはミャンマーとの国境に位置するタイ最大の国立公園。珍虫テングビワハゴロモやトゲグモ、ツノゼミ、各種チョウなどの昆虫を観察した→p36

8〈施　設〉カメレオンパーク
（マダガスカル）
マダガスカルの生きものを飼育展示する施設。巨大なタマヤスデ（→p99）、マダガスカルオナガヤママユなど。色とりどりのカメレオンにバッタを与えて楽しむこともできる

9〈観察地〉ベレンティ自然保護区
（マダガスカル）
マダガスカル南部の乾燥地帯にある保護区。敷地内にはキツネザルが闊歩し、夜はトゲ植物の森で生きものを観察できる。2013年には南部を中心に、マダガスカルトノサマバッタが大発生した→p192

10〈観察地〉ネムリユスリカ生息地
（ナイジェリア、マラウイなど）
ネムリユスリカは、アフリカの半乾燥地帯に生息している。岩盤にできた水たまりは乾きやすく、生きものにとって過酷な環境だが、ネムリユスリカの幼虫は乾眠という驚くべき仕組みで生きのびている→p181

11〈観察地〉サハラ砂漠
（モーリタニアなど）
フンコロガシやヒヨケムシなど、極限環境ならではの不思議な生きものが住むサハラ砂漠。サバクトビバッタは混みあいの刺激に反応して孤独相から群生相に変化し、大群で砂漠を駆ける→p194

12〈施　設〉ファーブルの家
（フランス）
プロヴァンスのセリニャン・デュ・コンタ村にある、昆虫研究者ファーブルの家。隣に建つ博物館とあわせて保存・展示されている。『昆虫記』で日本人には有名な彼だが、フランスでの知名度はいまひとつだという

13〈施　設〉ミルベンケーゼ博物館
（ドイツ）
館長のヘルムート氏の生家に、ダニの力を借りて作るチーズ「ミルベンケーゼ」とダニグッズの数々が並ぶ。見学はHPのメールから要事前予約→p256

虫マップ（世界編）

虫ごよみ

虫好きの1年は、せわしないことこの上なし。
見逃したくないイベントをカレンダーにまとめてみました。

4月	・バタフライガーデン準備開始 ・マメコバチ活動時期（山形） 4月下旬～5月中旬
5月	・富津フンチ 2013年は5月4日に開催 →p51 ・養蚕シーズンはじまる ・アサギマダラ飛来（姫島） 5月上旬～6月上旬 →p8
6月	・ナミアゲハ孵化を観察 ・加治木くも合戦 毎年6月第3日曜 →p54 ・足立区生物園 ホタル見 night! →p66 ・農業環境技術研究所「虫の日」供養 実験に役立ってくれた虫や生きものを記念碑の前で供養する
7月	・ナミアゲハ羽化 ・アオタマムシ活動期（関東）→p81 ・横浜市都筑区南山田町の虫送り（毎年土用入り後の最初の土曜日） 害虫を追いはらうための行事が転じて、災厄を祓うお祭りに。子供たちが松明を手に住宅街を練りあるく ・ひがし大雪むしむしWEEK 2013年は7月27日～8月4日に開催 →p206、p263 ・セミの羽化観察シーズン ・冬虫夏草調査 →p115
8月	・なめくじ祭り 旧暦7月9日（2014年は8月4日） ・ヤママユシーズン到来 →p126 ・ヤマトタマムシ活動最盛期（関東）→p88
9月	・昆虫学会大会 ・大手町インセクトフェア 2013年は9月23日に開催 ・闘蟋大会シーズン（中国） 9月～10月 →p241
10月	・ゲンゴロウの新成虫羽化 ・アサギマダラ秋の飛来（姫島） ・なかのじょうイナゴンピック 2013年は10月19日に開催 →p200 ・対馬 蜂洞からの採蜜 →p25
11月	・へぼ祭り 毎年11月3日（文化の日） ・奈良公園でルリセンチコガネ観察（春～秋）→p212 ・東京虫食いフェスティバル 昆虫料理研究会による昆虫食の祭典 ・オサムシ掘りシーズンはじまる →p269
12月	・フユシャク観察シーズン →p132
1月	・オオカバマダラ メキシコ越冬地に飛来 11月～3月 →p8
2月	・虫Cafe! 虫好き界を盛り上げたい若手有志の企画によるライトニングトーク。アイリッシュパブでプレゼンターたちが虫トークを繰りひろげる ・埼玉インセクトフェスティバル 毎年2～3月の土日に開催
3月	・チョウの集団吸水シーズン（タイ）→p36 ・ムネアカオオアリ産卵開始 →p39 ・春蛾シーズン到来 →p131

※開催時期は2013年当時のものです。中止・変更になる場合があります。

虫写真の撮りかた

虫を撮るのにいちばん大事なのは虫を知ること。ヘタクソさを痛感する日々の中、自分なりの心がけを書いてみました。

道具編

わたしはオリンパスのOM-Dという小さめの一眼レフを使っていますが、一眼レフとマクロレンズがないと虫写真が撮れないわけではありません。そして、ぜひ入手したいのがフラッシュの強い光をやわらげるためにつけるディフューザー「影とり」。光を均一に拡散するので、暗い所でストロボを焚いても強い影ができず、自然な写真になります。

　とはいえ、道具はあまり問題ではありません。コンパクトデジカメのマクロモードや、スマホにつけて使う接写レンズでもOK。ある研究者はシャッターラグのある古いカメラとディフューザーがわりの牛乳パックで数ミリの虫たちの大迫力写真を撮り、複数の虫屋が真似をしましたが同じ写真は撮れませんでした。虫の動きや生態を知りつくしているから撮れたのです。高価な道具は、あくまで下手を底上げしてくれるものと思うべきでしょう。

Olympus OM-D E-M5と、Kenko「影とり」

基本姿勢編

生きもの撮りは目にピントが合っていれば、大体はさまになるはず。できればしゃがんだり寝そべったりして、虫と同じ高さに目線を置くと臨場感が出ます（どんな虫でも、正面顔は意外とかわいい）。ピントの合う範囲はレンズからの距離で決まるので、虫の身体のはっきり撮りたい箇所とレンズが平行になるように角度を調整しましょう。一般的かどうかわかりませんが、虫のセリフを勝手にアテレコしながら撮ると、構図は勝手に決まってきます。左のチョウとクモの写真もそうやって撮ったもの。

クモ「チョーさんなら俺の腕の中で寝てるぜ」

白バック撮影

虫の造形を際立たせる方法として、最近は特に人気のある白バック写真。生きたエゾヨツメ（p134）やマイマイカブリの標本（p274）は、この白バックスタジオで可動域の大きいストロボをつけて撮りました。工作が面倒な人も、ガの標本（p125）のように白い平面や紙の上で「影とり」をつけて撮影すると綺麗に撮れます。動きまわる虫を撮るのはなかなか大変ですが、辛抱強く待つもよし、虫をいったん冷蔵庫に入れて動きを鈍らせるという荒業も。

「ハレパネ」とテープ、クリップで作り、コピー用紙をとめた白バックスタジオ

虫に会いたい（家庭編）

家にいながらにして虫に会いたい！というわがままを真剣に考えてみました。

虫の集まるベランダを作る

メレ山家のベランダ。柑橘の苗、クチナシ、自分の食草のハーブなど

園芸文化が発達しているイギリスなどには「バタフライ・ガーデン」という言葉があります。チョウの幼虫が食べる草や成虫が好んで蜜を吸う花を植え、虫が集う庭を作るのです。ベランダしかなくても、決して不可能ではありません。

家に虫を呼べる食草としては、レモンやライム、ミカンなどの柑橘類やサンショウ（ナミアゲハなどの仲間）、クチナシ（オオスカシバ）、カラスザンショウ（クロアゲハなど）、ローリエ（アオスジアゲハ）、ウマノスズクサ（ジャコウアゲハ）などがあります。鉢元に勝手に生えたカタバミには、ヤマトシジミの幼虫がついていました。

吸蜜植物としては、ブッドレアという紫の花房をつける植物やハゴロモジャスミンがチョウやハチに人気です。ヒヨドリバナを庭に植えれば、アサギマダラが旅の途中で立ち寄るかも。ヨシや竹筒などを束にして軒下に下げると、狩蜂の子育てが見られます。ハスやスイレンの水鉢を置けば、小型のゲンゴロウの仲間が飛んでくるかもしれません。

幼虫たちが増えてくるにつれて、鉢が丸裸にされることも……足りなくなったときに幼虫を放すか、または補充するため、近所で食草のありかをチェックしましょう。鳥や寄生蜂から守りたいときは、写真のような容器で室内で観察すると楽しいです。

ベランダだと夏の暑さが深刻なので、下にすのこを敷いたり自動水やり器をつけることも考えましょう。手間はかかりますが、ベランダチェックは楽しい日課です。

アゲハの幼虫の飼育容器（本来ドライフラワーなどを飾るケース）

虫を飼う

この本でも、アゲハ・アリ・カイコ・ゲンゴロウ・カタツムリなど、いろんな虫の飼育日記を紹介してきました。虫ごとに飼いかたは違いますが、いちばん頭を悩ませるのが夏の温度対策かもしれません。たいていの虫は室温30度を超えるとぐったりしてしまいます。確実なのは、小さめの部屋を「虫部屋」にしてしまい、真夏日にはエアコンをかけっぱなしにすること。わたしは小さなワインセラーを1.2万円ほどで買いましたが……。

虫の恵みをいただく

養蚕や養蜂の恵みを、家にいながらにして受けとれる制度もあります。カイコの章に出てきた塩野屋さんの「桑の木オーナーズ倶楽部」は、桑園を年会費で支援することで、生繭製品や購入割引、養蚕見学ツアーなどの優遇が受けられる制度です。また、対馬では毎年「蜂洞オーナー制度」の参加者を若干名募集しています。空の蜂洞のオーナーになり、ニホンミツバチが営巣すればその洞の蜂蜜を送ってもらえます（営巣しなくても、秋に新物がもらえる）。濃厚な対馬和蜂の蜂蜜は「百花蜜」と呼ばれる高級品。対馬に思いを馳せながらいただきたいものです。

虫に会いたい（野外編）

でも、やっぱりかっこいい虫に会いに出かけたい！
虫好きは春がくる喜びを誰よりも知っています。

持ちもの

わたしは採るよりも撮るのがメインですが、透明なプラケースは虫を一時的に観察するのに便利（結局連れ帰ることも……）。持ち帰るときはティッシュをいっしょに入れると虫が安定します。食草も採ることがあるので、ビニール袋は何かと重宝します。

虫屋さんは虫を殺すための酢酸エチルを紙に染みこませて入れた容器や毒ビン、チョウを入れる三角紙、手鍬、トラップの道具など、その日の目的にあわせていろんな道具を持っていきます。

カメラ、ポケット図鑑、ビニール袋、プラケース、ミニタッパー、フィールドノート、ペン

一人で散策する

通いやすい場所に自分のフィールドを決めましょう。年間を通じて足を運ぶと、発生時期の短い虫がどんどん入れ替わり、季節が「四」季ではなくミルフィーユ状に見えてきます。この本には特定の虫を狙った旅の話が多いけれど、梅雨入り前のいちばん虫が多い季節、谷戸をあてもなく歩くのが大好きです。関東の都会は虫観察に不向きなイメージですが、緑地や丘陵が意外と残っています。雑木林や草原・水場がある丘陵地は虫探しにうってつけ。ハイクガイドを参考にめぐっています。

写真は記憶をたどるのに役立ちますが、あわせてフィールドノートをつけると虫の発生を予測できるようになります。教わった虫や植物の名前をなぐり書きするのもよし。コクヨの野帳はウェアのポケットにも入り、表紙が硬いので立ったままでも記録できます。

『東京周辺ヒルトップ散歩　たまには丘でひと休み』（若菜晃子著／河出書房新社）

イベント「昆虫大学」の校章を箔押しした野帳

虫友をつくる

虫に詳しい人とフィールドに行くと、虫の居場所のイメージをつかみやすく飛躍的に虫知識が増えます。単に目が多いだけでも、どんどん虫や生きものが見つかるもの。虫友が欲しいけど、虫屋の会は専門的すぎて……と思う人は、地元の博物館の「友の会」に入ってみるといいかも。フィールド観察会など、いろんなイベントの情報を受けとれます。また、最近の虫好きは老いも若きもブログやSNSで情報交換や虫自慢を楽しんでいます。虫の写真をブログに載せたり、イベントで好きな虫をあしらった名刺を出すと覚えてもらいやすいです。

ハノイ郊外のクック・フオン国立公園で遭遇したチョウの大群

海外遠征する

敷居が高そうな海外遠征ですが、たとえばチョウの大群に出会ったベトナムのクック・フオン国立公園の旅は、日系旅行社にハノイ市内から1泊のツアーアレンジをお願いしました。ドライバーと日本語ガイドがつき、国立公園内でのロッジ宿泊とトレッキングツアー、帰り道にも別の観光地に立ち寄ってもらって2名で390ドル。事前に情報収集し、希望を細かく相談すれば、団体ツアーにはない体験ができます。わたしが国立公園や保護区内の宿泊にこだわるのは、朝夕の勝手な散策が楽しいからです。

各章の扉を彩った虫アートの数々。虫の持つ美しさや可能性を、時に本物よりストレートに伝えてくれる作品たちをご紹介します。

ひよこまめ雑貨店

〔1〕チョウ

消しゴムはんこ アサギマダラ

〔消しゴム〕

リアルで上品な消しゴムハンコの生きものたち。いつもは紙の上にいますが、頬にスタンプしてみました。

http://d.hatena.ne.jp/hiyokomamezakkaten/

征矢剛

〔2〕ハチ

探〔鉄、和紙〕

征矢さんの金属の虫たちは、しなやかで強か。このハチのランプ、実は音楽を聴くためのアンプ内蔵なのです！

aakuyousetu@kpa.biglobe.ne.jp

http://www.tokyo100.com/soya/

http://greatmountain.jp/soya/index.html

つのだゆき

〔3〕アリ

ハキリアリ

〔ガラス〕

遠くでも近くでも「アリらしさ」が崩れない繊細で完璧な造形。バーナーで作られた、ほぼ実寸大のガラス作品。

https://m.facebook.com/tunodayuki02

澁谷晋尚

〔4〕クモ

たたかうくも

〔紙、水彩〕

くも合戦絵画賞で金賞の澁谷くんの絵。当時小1で、行司の吉村さんと司会の西倉さんを書きわける技量に脱帽。

（姶良市立竜門小学校）

松倉葵

〔5〕ホタル

NEVE 蛍石のネックレス＆ピアス

〔鉱物／フローライト〕

群晶からへき開にそって割り出された形を活かしたアクセサリー。加熱すると蛍のように光ることが蛍石の名の由来。

http://aoimatsukura.com/neve/

分島徹人

〔6〕タマムシ

タマムシの合子

〔漆、蒔絵〕

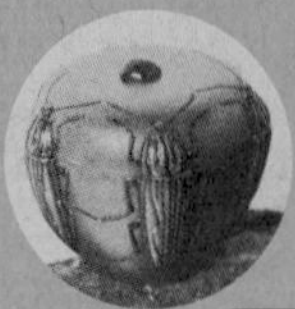

物入れとして使えますが、分島さんご自身は分骨を納めるために使用。鎮墓獣となった虫の静かな美しさ。

tetsuto-wakeshima@emobile.ne.jp

本多絵美子

〔7〕ダンゴムシ

ふき溜まり

〔木彫刻／銀杏の木に彩色〕

ダンゴムシが起きようともがく瞬間を木彫刻で表現。ノミの跡が美しい肌の質感、本当は生でお見せしたいです！

http://www.ne.jp/asahi/mizutamari/life/

佐々木ひとみ

〔8〕トンボ

とんぼのハネピアス

〔真鍮〕

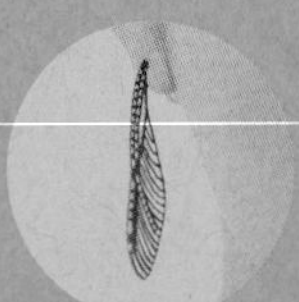

トンボの翅が耳元で揺れる涼しげなピアス。「勝ち虫」を身につけられる現代のラッキーアイテムと言えるかも。

http://sasakihitomi.com/

こざいく堂

〔9〕ガ

ヨナグニサンの首飾り

〔ビーズ／ガラス、山珊瑚〕

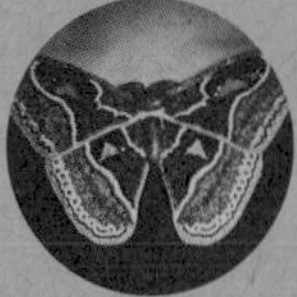

気の遠くなる贅沢なビーズ使い、もはや神々しいです。これを身に着けても位負けしない女性になりたいもの。

奥村巴菜

〔10〕セミ

baby cicada

〔陶、純銀〕

奇跡のような焼きあがりに、売らず手元に置いたという逸品。陶の肌が、外界への期待と不安におののくよう。

http://hana-o.jp/

昆虫美術館

〔11〕カイコ

カイコガ
〔羊毛フェルト〕

市山美季

美季さんの手乗りカイコ画像は「新種のガ」として海外で話題になったことも。それも無理のないリアルさです。

http://www.geocities.jp/mekr200/hakoiri/

〔12〕ゲンゴロウ

自在源五郎〈雄〉
〔銅、ブロンズ、真鍮〕

満田晴穂（みつた はるお）

日本の金工の粋・自在置物。関節も本物の様に曲がるゲンゴロウ、今にも泳ぎだしそうで指に力が入りました。

http://m-haruo.com/index.html

〔13〕クマムシ

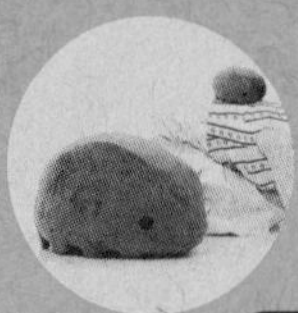

クマムシさんぬいぐるみS・L
〔コットン、ソフトボア、ゆるさ〕

打田由起子、泉本桂奈、堀川大樹（クマムシ博士）、株式会社タルディ

添い寝すると数年乾眠してしまいそうな癒しフォルム。舌鋒するどい真の姿は@kumamushisanで。

http://www.kumamushisan.net/

〔14〕バッタ

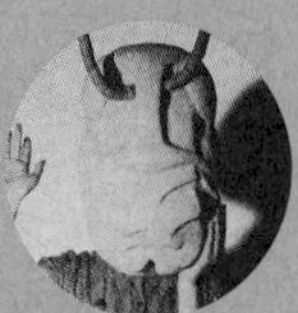

バッタ面
〔トノサマバッタのフン〕

佐伯真二郎

バッタ養殖の村で副産物のフンを使い、工芸品を作る奇想の未来。豊穣を祈る祭礼用の巨大仮面。

http://mushikurotowa.cooklog.net/

〔15〕コガネムシ

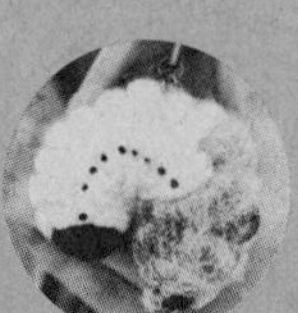

ヨーチューストラップ
〔羊毛フェルト〕

のそ子

羊毛フェルトでできたお腹のムチムチさに、呼びおこされる土のにおい。ランドセルで元気よく揺らしたい。

http://www.flickr.com/photos/nosonoso/

〔16〕カタツムリ

6月の夜
〔皮革〕

河野甲（こうの こう）

河野さんがレザーワークのモチーフに選ぶことの多いカタツムリ。伸ばした触角と膚に、明確な意思を感じます。

hachigatsusha@krd.biglobe.ne.jp

〔17〕コオロギ

紙くずひろい（コオロギ）
〔紙、墨〕

※参考『江戸市中世渡り種』大竹政直・画

秋山亜由子

江戸時代の職業を虫の営みになぞらえた愛らしいイラスト。こんなくず拾いがうちにも来てくれたら……！

〔18〕ダニ

ライター

ミルベンケーゼ博物館

ヘルムートがくれたライターには、おちゃめすぎる公式キャラクター。実際よりだいぶ脚が多いのはご愛嬌。

http://www.milbenkaesemuseum.de/

〔19〕オサムシ

オサムシトートバッグ
〔布〕

マメコ商会

普段使いできる虫服や小物を作るマメコ商会。オサムシをプリントしたトートバッグは、標本箱も入る大容量。

〔20〕ゴキブリ

クロゴキブリ
〔折り紙〕

いわたまいこ

はさみ一本で紡がれた翅脈や触角は、驚くほど優美。その一方で、家で見るたびに本気で驚いてしまう問題作。

http://mycofpapercutting.wix.com/maiko-iwata

リスト

図鑑、研究者の本、随筆、漫画、絵本……虫や自然を楽しむための本たち。本文中に登場したものを含め、ほんの一部ですがご紹介します。

『クモの網　What a wonderful web!』

船曳和代・新海明 著／INAX出版

虫の標本ではなくて「クモの網」の標本があるなんて知らなかった！　クモの巣にラッカーを吹きつけて紺色の台紙に写しとった標本は、銀河や星雲を思わせる幻想世界。種ごとに驚くほど多様な網と、巧みな技に驚かされます。

『アリの巣の生きもの図鑑』

丸山宗利・工藤誠也・島田拓・木野村恭一・小松貴 著／東海大学出版会

足下の世界の広さと美しさがつぶさに記録されています。ムモンアカシジミの幼虫の孵化をアリが輪になって見守る写真からは撮影者の息遣いまで伝わるよう。著者コラムも型破りで、生きもの好きなら誰でも楽しめます。

『しでむし』

舘野鴻 著／偕成社

親子で子育てをするヨツボシモンシデムシを中心に、雑木林の命の移りかわりを描く絵本。シデムシの幼虫が親の用意した屍肉をすする様子さえ美しく感じます。俯瞰の雑木林など、ミクロとマクロの視点の転換が素晴らしい。

『アリたちとの大冒険　愛しのスーパーアリを追い求めて』

マーク・W・モフェット 著、山岡亮平・秋野順治 訳／化学同人

ハキリアリや軍隊アリなど、6種類のアリの驚異の生態を紹介する本。モフェット氏が世界中を駆けめぐる紀行文としても秀逸です。フィールドに赴く生物学者は、みんなインディ・ジョーンズを思わせる冒険家なのです。

『ダンゴムシの本　まるまる一冊だんごむしガイド』

奥山風太郎・みのじ 著／DU BOOK

知っているつもりで実は知らない、ダンゴムシ・ワールドへの誘い。ダンゴムシの仲間たちの「すばしっこさ」「丸まりやすさ」をランクづけしているのがユニークでわかりやすい。ダンゴムシグッズや本の紹介も充実。

『飛行蜘蛛』

錦三郎 著／笠間書院

教師をしつつ在野で研究を行う人は多いですが、錦三郎さんもその一人。クモの不思議な移動現象・雪迎えを追った観察記で、国文学者としての詩的な一面も。このような在野研究者が今後も活躍できる社会であってほしい。

虫本・おすすめ

『クマムシ博士の「最強生物」学講座 私が愛した生きものたち』

堀川大樹 著／新潮社

生きものも人間も常識破りがいい、と豪語するクマムシ博士による科学エンタメ本。クマムシだけでなく話題のバイオテクノロジーや極限環境生物、常識を超えた研究者の紹介など、人を食った内容でノンストップ爆走中。

『昆虫探偵ヨシダヨシミ』

青空大地 著／講談社

虫語を解し、虫の依頼で浮気調査や事件解決にまい進する探偵・ヨシダヨシミ。いろんな虫の生態にリンクした痴情のもつれが展開します。お気に入りは、カゲロウ（成虫）が自分の寿命を知らずに探偵事務所に弟子入りする話。

『孤独なバッタが群れるとき サバクトビバッタの相変異と大発生』

前野ウルド浩太郎 著／東海大学出版会

ファーブルに憧れた少年が砂漠に旅立つまでの研究者半生を描く「昆虫記」。昆虫研究者のかっこよさを世に知らしめた問題作。舞台のほとんどは研究室ですが、最高にエキサイティング。いずれ砂漠編も書かれると期待したい。

『森のふしぎな生きもの 変形菌ずかん』

川上新一 著、伊沢正名 写真／平凡社

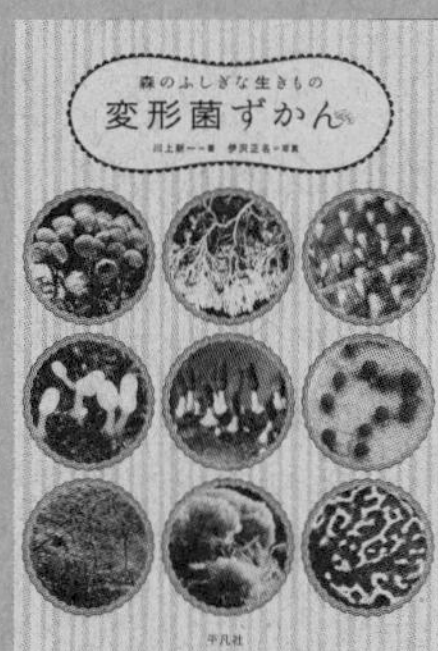

森で虫探しをしていると目につく不思議なキノコのようなもの、それが変形菌。アメーバのように動きまわったり、止まって胞子を作ったり、目まぐるしく姿を変え、色や形も個性的なのです。写真も装丁も抜群に愛らしい。

『日本の昆虫1400 ①・②』

槐真史 編、伊丹市昆虫館 監修／文一総合出版

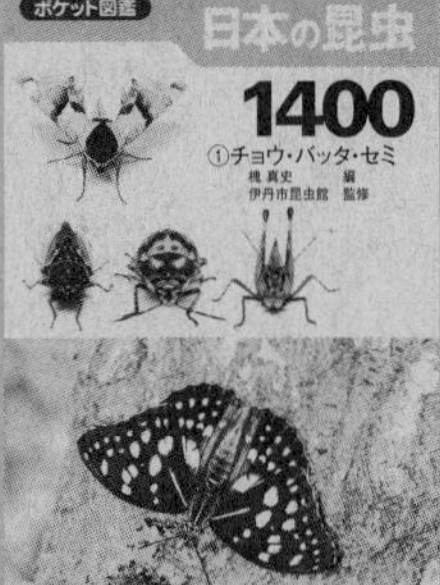

身近な虫1400種を厳選し、デザインも優れた必携ポケット図鑑。白バックは虫を大きく載せやすいのですが、ゴキブリのすっと伸びた触角がキャプションにかかっているのを見て、思わず「かっこいい……」と呟きました。

『イモムシハンドブック』

安田守 著、高橋真弓・中島秀雄 監修／文一総合出版

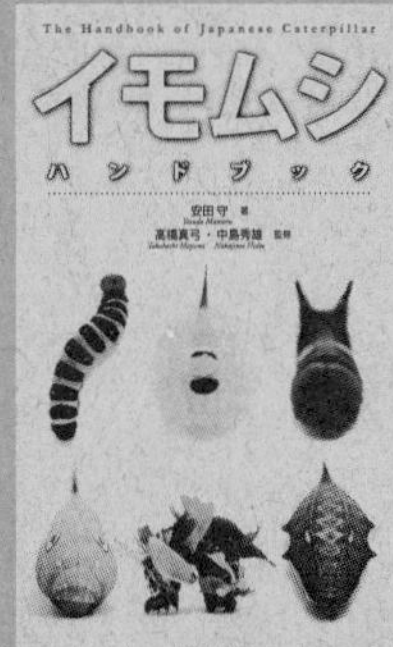

丸っこい体、奇抜な模様、将来チョウになるともガになるともつかない怪物みたいな「イモムシ」にスポットを当てた本書は、特に女性に人気。すべて実寸大の掲載種一覧は、イモムシ大行進ページになっていて必見です。

『自然図鑑　動物・植物を知るために』
さとうち藍 文、松岡達英 絵／福音館書店

1980年代に刊行され、読まれ続けているナチュラリストの教科書。昆虫から哺乳類、魚類、植物まで、自然観察の視点や方法が描かれています。文章と3000点超のイラストの情報量のぜいたくなこと、まさに一生もの。

『こんちゅう稼業』
秋山亜由子 著／青林工藝舎

日本画のタッチで、夢とうつつを行き来する虫と人の往来。ひとコマひとコマが愛らしくてたまりません。仙人の家の小間使いが美しいものに憧れる「虫ん子」から、不気味さにすくみ上がる「平茸坊主」まで、15編を収録。

『生きもの好きの自然ガイド　このは』
文一総合出版

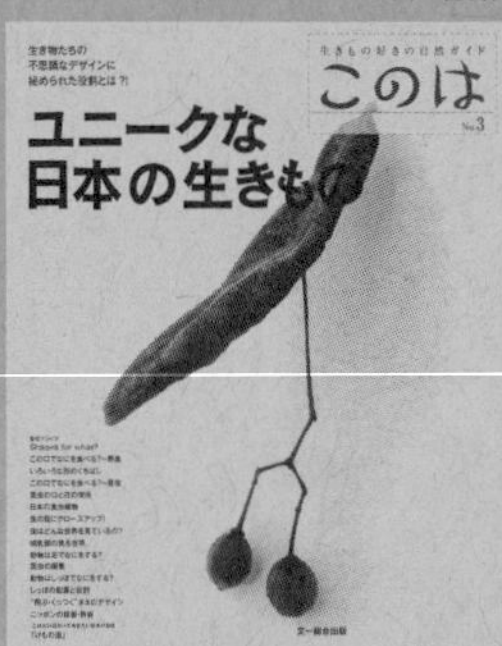

生きものの楽しみかたを紹介する季刊誌。昆虫の眼や鳥のくちばしから機能を探るなど、そう来るか！　と思わせる特集ばかり。生きものアート紹介や自然に関する仕事をしている人へのインタビューも充実していて毎号楽しみ。

『ダニ・マニア
チーズをつくるダニから巨大ダニまで』
島野智之 著／八坂書房

ダニ研究者によるダニ本。舘野鴻さんによる表紙絵も攻めの姿勢。教室で目立たない女の子の魅力に自分だけが気づいていたいのと同じく、ダニは小さく目立たないのがいい……とダニ愛を語る「ダニへの片思い」の項は必読。

『月刊むし』
むし社

創刊1971年、500号を超える歴史を誇る虫屋の愛読誌です。やや専門的な内容が多いものの、日本のハイアマチュアのレベルをうかがい知ることができる雑誌。ワクワクが伝わってくる採集記や随筆も掲載されています。

『世界珍虫図鑑』
川上洋一 著、上田恭一郎 監修／柏書房

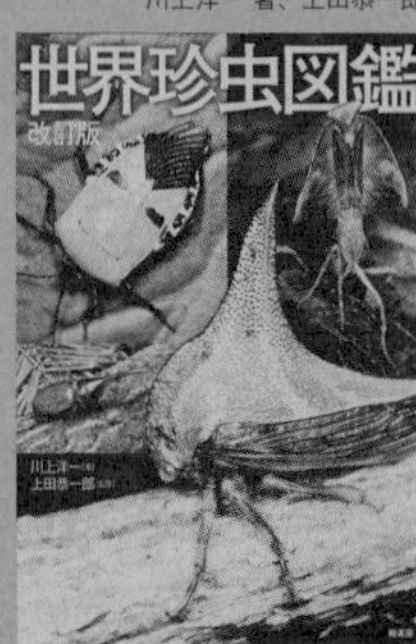

姿かたちが珍しい虫だけでなく、身近な虫や目立たない虫の変わった生態や人との関わりを写真と文章で紹介。メスに虫をプレゼントして求婚するガガンボモドキやグローワームなど、虫の世界は驚きに満ちています。

付録・虫蔵書票

虫に関する本にも、まったく関係ない本にも。
他人と取り違えたくない大事な本に、
虫印の蔵書票をお使いください。

ツノゼミ、コガネグモ、ブータンシボリアゲハ、ルリセンチコガネの
4種のはんこを、ひよこまめ雑貨店さんに彫っていただきました。

This book
belongs to
©ひよこまめ雑貨店

蔵書票の使いかた それぞれの票を切りとってあなたの名前を書き、好きな本の見返し(本の中身と表紙をつなぐ丈夫な紙の部分)に貼ってください。

のりづけ

のりづけ

のりづけ

のりづけ

参考文献〈P300～302で紹介した以外のもの〉

『アサギマダラ　海を渡るチョウの謎』（佐藤英治 写真・文／山と溪谷社）

『ハチまるごと！図鑑』（大阪市立自然史博物館）

『狩蜂生態図鑑　ハンティング行動を写真で解く』（田仲義弘 著／全国農村教育教会）

『ツノゼミ　ありえない虫』（丸山宗利 著／幻冬舎）

『シャーロットのおくりもの』（E・B・ホワイト著、さくまゆみこ訳、ガース・ウイリアムズ絵／あすなろ書房）

『日本のトンボ』（尾園暁・川島逸郎・二橋亮 著／文一総合出版）

『自然を名づける　なぜ生物分類では直感と科学が衝突するのか』（キャロル・キサク・ヨーン 著、三中信宏・野中香方子 訳／NTT出版）

『昆虫食入門』（内山昭一 著／平凡社新書）

『繭ハンドブック』（三田村敏正 著／文一総合出版）

『ふんコロ昆虫記―食糞性コガネムシを探そう―』（塚本珪一・稲垣政志・河原正和・森正人 著／トンボ出版）

『せかい いち おおきな うち　りこうになった かたつむりの はなし』（レオ＝レオニ 作・絵、谷川俊太郎 訳／好学社）

『ヤモリの指から不思議なテープ』（石田秀輝 監修、松田素子・江口絵理 文、西澤真樹子 絵／アリス館）

『右利きのヘビ仮説　追うヘビ、逃げるカタツムリの右と左の共進化』（細将貴 著／東海大学出版会）

『闘蟋　中国のコオロギ文化』（瀬川千秋 著／大修館書店）

『鳴く虫の科学　なぜ鳴くのか、どこから音を出すのか、そのメカニズムを探る』（高嶋清明 著、海野和男 監修／誠文堂新光社）

『冬虫夏草ハンドブック』（盛口満 著、安田守 写真／文一総合出版）

『世界大博物図鑑①［蟲類］』（荒俣宏 著／平凡社）

『害虫の誕生―虫からみた日本史』（瀬戸口明久 著／ちくま新書）

『インセクタリゥム』1994年8月号「甲虫に便乗するダニ」高久元（東京動物園協会）

あるものの魅力を伝えようとして、表現がすっかり空回りすることがあります。たとえば「この酒は水のようにすっきりしていて飲みやすい」。こんな言いかたで、無理に好みでないお酒をすすめられたら、少なくともわたしは「最初から水を飲んでいたほうがよっぽど安上がりでは……」と感じます。

この本では、「目がつぶら」だの「フカフカモフモフ」だの「よちよち歩き」だの、およそ虫の形容とは思えない表現を多用しています。「虫に動物的な愛らしさや人のような心を無理に見いだすより、素直に犬や猫を愛でたほうが早いのでは」と思われるかもしれません。ラブレターというのは本当に難しいです。

20章をかけて虫の魅力を紹介してきましたが、書ききれないことばかりです。地球上の昆虫は、今知られているだけでも約100万種。人と歴史を共にしてきたもの、害をなすもの、将来役に立ちそうなもの、蒐集されるもの、そして大半は、一見地味で無害な嫌われもの。しかしそれぞれに驚くほどの個性を持った小さな生きものたち。そんな虫たちのエピソードが、ひとつでも読者の「虫好きスイッチ」を押せれば幸いです。

虫そのものの面白さだけでなく、虫にまつわる人にもスポットを当てたいと思っていました。虫屋、昆虫研究者、写真家、学芸員、芸術家、虫で町おこしをする人々まで。まさに、虫を知ることは人を知ることでもありました。2013年の春から秋にかけ、毎週末のように全国に遠征しましたが、フィールドは驚きの連続で、歩くと疲れが吹きとびました。あまりにも多くの方々にご協力をいただき、個々にお名前を挙げてお礼を述べることができないのが残念ですが、特に、本文にもよく登場されている自然写真家の永幡嘉之さんにはお世話になりました。在野の昆虫界の第一人者で、真摯で妥協のない人柄や、正確かつ詩的な文章が広く愛されています。出版にあたり、全体の文章を見直していただきました。その際、いただいたメールがこちら。


今回、ナナフシモドキのオスの立場を味わいました。

ナナフシモドキとは、最も標準的なナナフシなのですが、なぜか本家本元なのにモドキと呼ばれていることはさておき、メスしかおらず、メスだけで産卵もできてしまいます（単為生殖）。

ところが、ごく稀にオスが見つかることがあり、これまでに何度か話題になりました。何かのはずみに生まれてしまったものの、はなから必要とされていないオスは、非常に哀れな存在です。

何事かと思いましたが、読みすすめてみると「修正が少なく、確認者としての存在意義を見失いました」という意味でした。編集部および関係者の方々のチェックの賜物ですが、そう言いつつも永幡さんには重要なご指摘をいくつもいただきました。東日本大震災の津波跡の生態系調査に奔走される中、お願いを受けていただいたことに心から感謝します。

また、これまでに数々の楽しい生きものの本を世に送りだしているイースト・プレスの敏腕編集者・田中祥子さんにもお礼を申しあげます。優しい叱咤激励がなければ、この本を仕上げることはできませんでした。

デザイナーのセプテンバーカウボーイ吉岡秀典さんには「新しい層に届く、今までにない虫本を……！」という大それた野望をがっつり受けとめていただき、テキストの重さを感じさせない大胆で軽やかな本に仕上げていただきました。「ちょっとどうかしている虫本」というビジュアルイメージを真っ先に読者に伝える各章の扉写真を撮ってくださったのは、写真事務所ゆかいの川瀬一絵さん。スタジオに集めた20個の虫モチーフ作品に興奮しながらの撮影は、まさに格闘の一日でした。ゆかいの助手であるやっかいの池ノ谷侑花さん、やまねりょうこさん、boyのスタイリスト江澤康太さん、田中美幸さん、ありがとうございました。

冒頭に戻り、虫の魅力をペットのかわいらしさや人の情動にやたらと翻案することは、正しく自然や生態系を見る目を曇らせる危険があります（そんな動物番組は巷にあふれています）。そのため、虫を愛でたり虫に心を見たりするときには、自分に都合のいい世界観にこの小さな生きものを沿わせるのではなく、あくまで向きあう人の不出来な心を映すものという意識でのぞみました。

自然科学すべてに言えることでしょうが、知られていないことを知る・知ろうとする過程にロマンがあります。どんな生きものも、知れば必ず好きになれる。知ったと思ったことも、あっという間にくつがえる。くつがえった瞬間にこそ「ときめき」がある。このことを教えてくれた虫たちに、あらためてお礼を言いたいと思います。

この本が出るころには、すっかり春になっているでしょう。みなさんがフィールドで、たくさんのときめきに出会いますように。

2014年3月

メレ山メレ子

初出

Web文芸誌「マトグロッソ」
2013年7月11日～2014年3月6日

書き下ろし
3 アリ 巣の中と外のドラマ
8 トンボ 水辺の恋のから騒ぎ
9 ガ 灯の下の貴婦人
13 クマムシ 最強生物を商う男
18 ダニ よちよち歩きのチーズ職人

単行本化にあたり、大幅な加筆・修正を加えました。

マトグロッソ（http://matogrosso.jp/）

ときめき昆虫学（こんちゅうがく）

2014年4月14日　第1刷発行
2016年8月31日　第3刷発行

著者　メレ山（やま）メレ子（こ）

協力　永幡嘉之

ブックデザイン　吉岡秀典（セプテンバーカウボーイ）
写真（カバー・P3・各章トビラページ）　川瀬一絵（ゆかい）
撮影アシスタント　やまねりょうこ（やっかい）、池ノ谷侑花（やっかい）
ヘアメイク　江澤康太（boy）、田中美幸（boy）
校正　藤井 豊
本文DTP　臼田彩穂
営業　明田陽子
編集　田中祥子
発行人　堅田浩二

発行所　株式会社イースト・プレス
〒101-0051
東京都千代田区神田神保町 2-4-7　久月神田ビル
TEL 03-5213-4700　FAX 03-5213-4701
http://www.eastpress.co.jp/

印刷所　中央精版印刷株式会社

ISBN978-4-7816-1173-0 C0095